TECHNIK, WIRTSCHAFT und POLITIK 38

Schriftenreihe des Fraunhofer-Instituts
für Systemtechnik und Innovationsforschung (ISI)

Vorliegende Studie wurde im Auftrag des Deutschen Zentrums für Luft- und Raumfahrt e.V. (Projektträger Informationstechnik des BMBF) erstellt.
Die Projektkoordination lag am Fraunhofer-Institut für Systemtechnik und Innovationsforschung.

Projektteam

Fraunhofer-Institut für Systemtechnik und Innovationsforschung (FhG-ISI):

Dr. Dirk-Michael Harmsen
Dipl.-Physiker Gerhard Jaeckel
Dr. Dr. Castulus Kolo
(Projektkoordination)
unterstützt durch: Charlotte Russell und Irmgard Wessoleck

Prof. Dr. Frieder Meyer-Krahmer
(wissenschaftliche Leitung)
Dr. Thomas Reiß
Dipl.-Agr. biol. Elke Strauß

GMD – Forschungszentrum Informationstechnik GmbH:

Prof. Dr. Thomas Christaller
(wissenschaftliche Leitung)
PD Dr. Joachim Hertzberg
Dr. Herbert Jaeger
Prof. Dr. Thomas Lengauer
Dr. Heinz Mühlenbein

Dr. Liliane Peters
Dr. Stefan Reimann
Dr. Ralf Zimmer
Dr. Uwe R. Zimmer
(GMD-interne Koordination)

Institut für Medizinische Psychologie der Universität München (LMU):

Prof. Dr. Hans Distel
Dipl.-Inf. Andreas Eisenkolb
Dipl.-Ing. Gerhard Krieger
Prof. Dr. Ernst Pöppel
(wissenschaftliche Leitung)

PD Dr. Till Roenneberg
Dr. Kerstin Schill
Dipl.-Inf. Elisabeth Umkehrer
Dipl.-Ing. Christoph Zetzsche

Castulus Kolo · Thomas Christaller
Ernst Pöppel

Bioinformation

Problemlösungen für die Wissensgesellschaft

Mit 12 Abbildungen
und 7 Tabellen

Springer-Verlag Berlin Heidelberg GmbH

Dr. Dr. Castulus Kolo
Fraunhofer-Institut für Systemtechnik
und Innovationsforschung (ISI)
Breslauer Str. 48
D-76139 Karlsruhe

Prof. Dr. Thomas Christaller
GMD Forschungszentrum
Informationstechnik GmbH
Schloß Berlinghoven
D-53754 Sankt Augustin

Prof. Dr. Ernst Pöppel
Institut für Medizinische Psychologie
Universität München
Goethestr. 31/I
D-80336 München

ISBN 978-3-7908-1241-1

Die Deutsche Bibliothek – CIP-Einheitsaufnahme
Kolo, Castulus: Bioinformation: Problemlösungen für die Wissensgesellschaft / Castulus Kolo,
Thomas Christaller, Ernst Pöppel. – Springer-Verlag Berlin Heidelberg 1999
    ISBN 978-3-7908-1241-1   ISBN 978-3-642-58681-1 (eBook)
    DOI 10.1007/978-3-642-58681-1

Umschlaggestaltung: Erich Kirchner, Heidelberg
SPIN 10741381   88/2202-5 4 3 2 1 0 – Gedruckt auf säurefreiem Papier

Geleitwort

Neue Technologien am Beginn des 21. Jahrhunderts sind charakterisiert durch die wachsende Bedeutung von Interdisziplinarität, zunehmend überlappende Technologiegebiete sowie eine engere Verknüpfung von Grundlagenforschung und industrieller Entwicklung. Dies hat Konsequenzen für die Forschungs- und Technologiepolitik und industrielle F&E-Strategien. Eine wesentliche Aufgabe staatlicher Fördermaßnahmen wird es sein, effektive Rückkopplungen und Wechselwirkungen im Innovationsprozeß sowie interdisziplinäres Arbeiten in Technologiebereichen mit hohem Anwendungspotential voranzutreiben. In diesem Zusammenhang ist die hier vorgelegte Studie zu sehen, die im Auftrag des Deutschen Zentrums für Luft- und Raumfahrt als Projektträger Informationstechnik des BMBF durchgeführt wurde. Der Auftraggeber verfolgte damit die Absicht, das Potential von Erkenntnissen und Forschungsansätzen zur Informationsverarbeitung in der Natur für Innovationen in der Informationstechnik zu analysieren, um eine Grundlage für förderpolitische Maßnahmen zu schaffen.

Informationstechnik ist ein zentrales Element auf dem Weg in die Wissensgesellschaft. Dieser Weg ist charakterisiert durch eine kontinuierliche Zunahme verfügbarer Informationen und der Bedeutung handlungsrelevanter Information in Form der Ressource „Wissen". Dabei steigen auch die Anforderungen an Erfassung, Speicherung, Übertragung und Darstellung von Informationen. Gleichzeitig stellt die wachsende Komplexität technischer Systeme selbst eine Herausforderung für die Informationsverarbeitung dar. Die Entwicklung neuer informationstechnologischer Lösungen war bislang vor allem durch Fortschritte aus der physikalisch-technischen Forschung getrieben. In den herkömmlichen Methoden der Informationstechnik zeichnen sich allerdings Defizite ab, die eine Sättigung des Innovationspotentials befürchten lassen. Andererseits mehren sich die Erkenntnisse zur Informationsverarbeitung in der Natur. Umso wichtiger erscheint eine Analyse des Innovationspotentials sowie von Innovationshemmnissen im Bereich biologisch inspirierter Informationstechnik.

Für eine belastbare Potentialanalyse dieser inhaltlichen Breite und für einen weiten Zeithorizont mußte ein eigenständiges Methodenportfolio konzipiert werden. Durch einen Methodenmix wurde versucht, die jeweiligen Schwächen verschiedener qualitativer und quantitativer Methoden auszugleichen sowie Bewertungen vergangener und gegenwärtiger F&E-Vorhaben mit Zukunftsvisionen zu verknüpfen. Diese Vorgehensweise kann als Modell für ähnlich geartete Studien dienen.

Die Erschließung der interdisziplinären Forschungsansätze wurde durch ein ebenso interdisziplinäres Projektteam sichergestellt. Bekanntermaßen stellt dies hohe Anforderungen an die beteiligten Wissenschaften und Personen, um unterschiedliche Forschungsinteressen zu respektieren und voneinander zu lernen. Die Kooperation mit dem Forschungszentrum Informationstechnik (GMD) und dem Institut für Medizinische Psychologie der Universität München hat die Bereicherung der eigenen Arbeit durch Erkenntnisse anderer Disziplinen aufs Neue verdeutlicht. Dies wurde nicht zuletzt durch das persönliche Engagement der Institutsleiter Professor Dr. Thomas Christaller und Professor Dr. Ernst Pöppel ermöglicht; tatkräftig unterstützt durch das Wirken des Koordinators des Gesamtprojektes, Herrn Dr. Dr. Castulus Kolo. Allen Beteiligten möchte ich für die gelungene Zusammenarbeit danken.

Die Studie bedeutet einen Auftakt für die Beobachtung der Entwicklung biologisch inspirierter Informationstechnik aus der Sicht der Innovationsforschung. Mit dem Näherrücken der Anwendungsperspektiven wird dieses dynamische Forschungsfeld nicht zuletzt an Industrierelevanz zunehmen.

Prof. Dr. Frieder Meyer-Krahmer
Leiter des Fraunhofer-Instituts für Systemtechnik und Innovationsforschung

Inhaltsverzeichnis

1 Zusammenfassung

Ziel der Studie „Bioinformation – Problemlösungen für die Wissensgesellschaft"
war es, ausgehend von Defiziten heutiger Methoden und Technologien, Themen in
der Biologie zu identifizieren, die als Visionen die Entwicklung innovativer Informationstechnik (IT) leiten können sowie Forschungsansätze in der IT zu ermitteln,
die in Richtung dieser Visionen weisen. Es wurden Anwendungsaspekte aufgezeigt
und unter Berücksichtigung der deutschen Ausgangssituation und des Stellenwertes
biologisch inspirierter IT in der internationalen Forschung Innovationshemmnisse
abgeleitet.

Die steigenden Anforderungen auf dem Weg in die Wissensgesellschaft setzen eine
IT voraus, die sich an vielfältige Anwendungssituationen anpassen kann und eigenständig Aufgaben übernimmt. Auch bei zunehmend komplexeren technischen Systemen müssen Fehlertoleranz und Robustheit im Betrieb sichergestellt werden.
Gleichzeitig ist die Komplexität der Systeme eine Herausforderung für Design und
Wartung. Diesen Anforderungen kann nicht allein durch eine Steigerung von
Schaltgeschwindigkeiten oder weitere Miniaturisierung der Basishardware begegnet
werden, sie erfordern vielmehr neue Qualitäten für die IT. *Adaptivität und Autonomie werden* dabei *Schlüsselfähigkeiten zukünftiger IT sein.*

*Die verschiedenen Dimensionen der biologischen Informationsverarbeitung demon-
strieren dafür prinzipielle Möglichkeiten, die mit den herkömmlichen Paradigmen
der IT voraussichtlich nicht erfüllt werden können.* Biologische Systeme sind auf
vielfältige Weise strukturell und funktional an ihre jeweilige Umgebung angepaßt.
Diese Adaptivität reicht von langfristigen Änderungen im Laufe der Evolution über
die verschiedenen Formen der Morphogenese und des Lernens bis hin zu sehr kurzfristigen Änderungen etwa des Übertragungsverhaltens von Sensorsystemen. Über
eine Vielfalt von Speicherungsmechanismen wird der Transport von Information
über die Zeit gewährleistet. Die Autonomie biologischer Systeme erweist sich darin,
daß diese nicht direkt von einem Außenkriterium kontrolliert werden und nicht
vollständig determiniert sind. Sind die zugrundeliegenden Mechanismen biologischer Informationsverarbeitung erkannt und gelingt es, diese zu modellieren, dann
sind die charakteristischen Fähigkeiten biologischer Systeme in den Kontext der IT
übertragbar.

Deutschland ist hinsichtlich der IT-relevanten, biowissenschaftlichen Grundlagenforschung auf internationalem Niveau. Vorhandenes Wissen ist allerdings schlecht
verfügbar, da der mögliche Bezug zur IT kaum herausgestellt wird. Durch eine dafür notwendige, funktional orientierte Wissensaufbereitung und -integration würde
auch die Modellbildung in der Biologie begünstigt. Weiterhin wird eine koordinierte Zusammenarbeit bislang durch Sprachbarrieren und eine uneinheitliche Terminologie gehemmt. „Sensoren" für jeweils andere relevante Disziplinen sollten

verstärkt während der wissenschaftlichen Ausbildung angelegt werden. Durch interdisziplinäre Foren wird die dringend benötigte Kommunikationsbasis für eine gemeinsame Wissenschaftssprache geschaffen, und neue Projektideen werden generiert.

Unter den heutigen biologisch inspirierten FuE-Vorhaben mit kuzfristiger Anwendungsperspektive dominieren rein metaphorische Bezüge zur Biologie. Durch eine Konzentration auf derartige Arbeiten in der Projektförderung geraten Ansätze ins Hintertreffen, die sich fundiert mit dem biologischen Vorbild auseinandersetzen. Nur solche FuE-Aktivitäten, die einen konkreten Bezug zur Biologie haben, können allerdings den Weg zur Ausschöpfung des bestehenden Innovationspotentials biologischer Erkenntnisse weisen. Das Interesse und die Voraussetzungen für Ansätze in der IT mit mehr Biologienähe sind unter deutschen Wissenschaftlern vorhanden. Eine ergänzende Förderung von grundlagenorientierter Forschung mit expliziten mittel- bis langfristigen Anwendungszielen wäre optimal. Nationale Bestrebungen der Forschungsförderung sollten dabei in internationale, insbesondere europäische Anstrengungen eingebunden sein.

Derzeit eignen sich die Themenbereiche *Evolutionäre Systeme* auf der Basis bioanaloger Evolutionsprozesse, *Konnektionismus* in Anlehnung an die neuronale Informationsverarbeitung und *Autonome Systeme* als Ausgangspunkte einer Förderung. Entsprechend dem biologischen Vorbild sollten diese nicht nach Hard- und Softwareaspekten getrennt behandelt werden. Einen geeigneten Rahmen für die Modellierung biologischer Systeme bietet die *Mathematik dynamischer Systeme*. Mit der Etablierung ergänzender Arbeitslinien etwa in Analogie zum Immunsystem ist zu rechnen; hingegen werden sich manche der bestehenden Ansätze u.U. als Irrweg erweisen. Eine Projektförderung muß dieser „evolutionären" Dynamik des jungen und sowohl personell als auch inhaltlich inhomogenen Forschungsfeldes *Bioinformation* gerecht werden. *Übergreifendes Ziel sollte es sein, bioanaloge Ansätze für adaptive und autonome Systeme in der IT weiterzuführen.*

Anwendungsperspektiven werden überwiegend mittel- bis langfristig gesehen. Es ist allerdings mit einem geringen zeitlichen Abstand zwischen biologischem Modell und IT-Anwendung zu rechnen. Ein ausbleibendes industrielles Engagement wäre also riskant, zumal sich die von der *Bioinformation* berührten Anwendungen nicht auf Nischenprodukte beschränken, sondern die IT von der Eingangsebene der Sensoren bis zur Systemebene betreffen und damit für erhebliche Marktpotentiale stehen. Um nicht international ins Hintertreffen zu geraten, sollte die industrielle FuE die direkte Zusammenarbeit mit Biologen verstärken. In der Industrie muß eine „Absorptionskapazität" bzw. Ankopplungskompetenz ausgebaut werden, damit die Ergebnisse der öffentlichen Forschung nicht ins Leere laufen.

Summary

Starting from the deficits in present-day information technology (IT), the aim of the study "Bioinformation – Problem Solving for the Knowledge Society" was to identify subjects in the life sciences, which could lead the development of innovative IT as visions. At the same time current research approaches in IT were determined, which point in the direction of these visions. In addition application possibilities were shown. Taking into consideration the German starting position in R&D and the rating of biologically inspired IT in international research, barriers to innovation were deduced.

The growing demands on the way towards a knowledge society presuppose an IT which can adapt to diverse application situations and takes on tasks autonomously. Also, for the increasingly complex technical systems, error tolerance and operating stability must be guaranteed. Simultaneously, the complexity of the systems is a challenge for design and maintenance. These requirements cannot be met by an increase in the speed or further miniaturisation of the basic hardware alone; rather, they require new qualities of the IT. *The ability to adaptation and autonomy will be key capabilities of future IT.*

The various dimensions of biological information processing demonstrate possibilities for this in principle, which can probably not be fulfilled by the traditional paradigms of IT. Biological systems are adapted both structurally and functionally to their individual environment in a great varieties of ways. This adaptiveness reaches from long-term changes in the course of evolution to the different forms of morphogenesis and learning and up to very short-term alterations, like the transmission modes of sensor systems. The transport of information over time is guaranteed by a variety of storage mechanisms. The autonomy of biological systems can be described, in that they are not directly controlled by an external criterion and are not completely determined. If the fundamental mechanisms of biological information processing are recognised and if it is possible to model them, then the characteristic capabilities of biological systems are transferable to the context of IT. The term *"Bioinformation"* was used to summarize approaches in IT research which are based on bioanalogous principles or processes in contrast to approaches based on bioidentical elements.

Germany is on par with international research as regards IT-relevant research in the life sciences. Existing knowledge, however, is not readily available, as the possible connection to IT is hardly made clear. A functionally oriented knowledge processing and integration appears necessary and would also favour model-building in the life sciences. In addition, coordinated collaboration has been hampered until now by "language barriers" and differing terminologies. "Sensors" for other, relevant disciplines should be fostered increasingly during the period of academic education.

Through interdisciplinary forums the much needed communication basis for a common scientific language will be created, and new project ideas will be generated.

Among the present-day R&D projects with a short-term application perspective which have been inspired by biology, purely metaphorical connections to biology dominate. By concentrating on work of this type in project promotion and funding, approaches which attempt to build on the biological example in a direct and well-founded way are at a disadvantage. Only those R&D activities which have a concrete connection to biology, can however show the way to exploit the existing innovation potential of findings in the life sciences. Both interest and the pre-conditions for approaches in IT with a greater proximity to biology are present among German scientists. A complementary promotion and funding of basic research for explicitly medium- to long-term application targets ("strategic research") would be ideal. National efforts in research promotion should be joined to international, in particular European, endeavours.

At present the subject *evolutionary systems* (on the basis of bioanalogous evolutionary processes), *connectionism* (following the neural information processing), and *autonomous systems* are suitable starting points for promotion and funding. Corresponding to biological systems, these should not be treated separately according to hard- and software aspects. The *mathematics of dynamic systems* provides a suitable framework for the modelling of biological systems. The establishment of complementary subjects, as e.g. by analogy with the immune system, must be reckoned with; on the other hand, some of the existing approaches will possibly turn out to be the wrong way. Project promotion and funding must take into account the "evolutionary" dynamics of this young research field *Bioinformation*, which is still inhomogeneous both in personnel and content. *The general target should be to improve and extend bioanalogous approaches for adaptive and autonomous systems in IT.*

Application perspectives are seen mainly as medium- to long-term. However, a short time lag between a biological model and an IT application must be reckoned with. It would hence be risky for the industry not to get involved with, as the applications affected by *Bioinformation* are not restricted to niche products, but concern the IT from the entry level of the sensors to the system level and therefore present considerable market potentials. In order not to lag behind internationally, industrial R&D should step up direct collaboration with researchers in the life sciences. In the IT-industry, the capacity to dock on and absorb findings in the life sciences must be increased, so that the results of public research are taken up and led to applications.

2 Projektansatz und Vorgehensweise

2.1 Zielsetzung

Neue Erkenntnisse aus dem Wissenstransfer zwischen Bio-/Humanwissenschaften und den technisch/physikalischen Wissenschaften, steigende Anforderungen an die Informationstechnik (IT) sowie zunehmend offensichtliche Defizite heutiger IT-Ansätze bereiten einen günstigen Nährboden für Innovationen.

Ziel dieser Studie ist es, ausgehend von Defiziten heutiger Methoden und Technologien (Kapitel 3),

- Themen in der Biologie zu identifizieren, die als Visionen die Entwicklung innovativer IT leiten können (Kapitel 4),

- relevante Forschungsansätze in der IT zu ermitteln, die in Richtung dieser Visionen weisen (Kapitel 5) und

- exemplarisch Anwendungsaspekte aufzuzeigen (Kapitel 6).

Unter Berücksichtigung der deutschen Ausgangssituation und des Stellenwertes biologisch inspirierter IT in der internationalen Forschung (Kapitel 7) werden Innovationshemmnisse abgeleitet und Schlußfolgerungen gezogen (Kapitel 8).

2.2 Ausgangslage und Hintergrund

Das Thema „Lernen von der Natur" für die Technik ist nicht neu, und die damit immer wieder verbundenen Hoffnungen wurden nur teilweise erfüllt. Im speziellen Kontext der IT zeigen aktuelle Entwicklungen jedoch an, daß das Vorbild Natur zu neuer Bedeutung gelangt.

In den Bio- und Humanwissenschaften liegen zunehmend Befunde zur Informationsverarbeitung in biologischen Systemen vor („Bio-Push"). Dies wird sowohl durch die Zahl entsprechender Veröffentlichungen als auch Fachkonferenzen belegt (siehe *Abbildung 2.1*).

Abbildung 2.1:   Dynamik von Veröffentlichungen aus der bio-/humanwissen-
schaftlichen Grundlagenforschung[1] (Quelle: INSPEC)

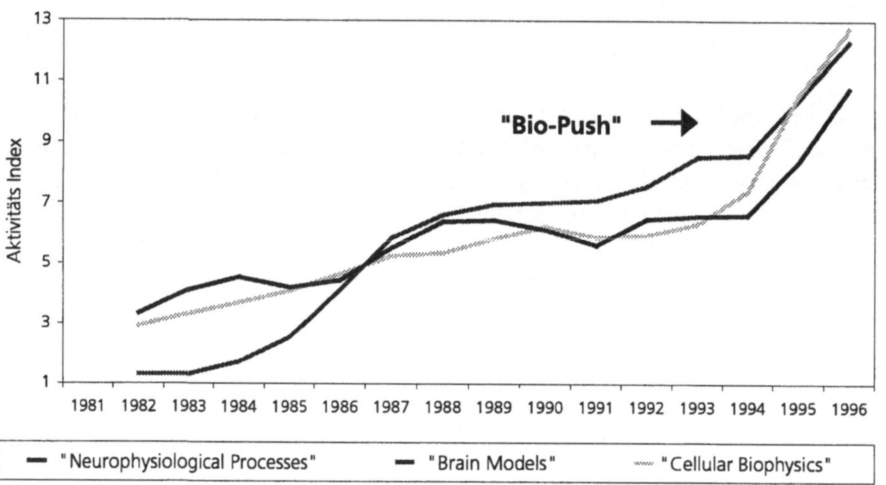

Parallel dazu werden in den Computerwissenschaften bzw. in der IT Anleihen aus
der Biologie systematischer und fundierter bezogen („IT-Pull"). Dieser Trend äußert sich in einem steigenden Anteil computerwissenschaftlicher Veröffentlichungen mit Bezug zur Biologie (vgl. *Abbildung 2.2*). Waren die ersten diesbezüglichen
Vorschläge etwa zu Künstlichen Neuronalen Netzen oder Fuzzy Logic noch eher
metaphorischer Art[2], so werden in den letzten Jahren zunehmend über direkte Arbeitskontakte biologische Erkenntnisse aufgegriffen und in den Computerwissenschaften diskutiert. Die Auseinandersetzung mit der Biologie hat sich dabei weit
über die Neurowissenschaften hinaus ausgedehnt, wobei die besondere Affinität zu
diesen nach wie vor besteht.

Die Beschäftigung der Computerwissenschaften mit der Biologie fließt dabei auch
in Form von Forschungsanregungen oder theoretischen Konzepten zurück. Auf Ar-
tefaktseite erzeugte Funktionalitäten geben Hinweise auf die zugrunde liegenden
Prozesse, die am biologischen Original überprüft werden können. Gleiches gilt für
die Physik, aus der seit langem, u.a belegt durch diesbezügliche Nobelpreise, Im-
pulse für die theoretische Biologie zu verzeichnen sind.

---

[1] Die Aktivitätsindizes sind so normiert, daß die Flächen unter den entsprechenden Graphen den
gleichen Inhalt haben (Trendlinie aus gleitendem Mittelwert über zwei Perioden). Zu den ausgewählten Teilbereichen siehe auch Kapitel 2.4.3.

[2] Zu dieser Abgrenzung siehe Kapitel 2.3 und Kapitel 5.

Ferner wird in den Bio-/Humanwissenschaften die informationstechnische Unterstützung[3] immer wichtiger. Dies gilt insbesondere für die Biotechnologie und ihren Teilbereich Genomforschung. Unter dem Begriff „Bioinformatik" hat sich dieses Arbeitsgebiet bereits etabliert. Sowohl die Biotechnologie als auch die IT stehen dabei für Anwendungen mit hohem Marktpotential. Schon aus dieser Betrachtung lassen sich bedeutende Chancen für technische Anwendungen aus dem interdisziplinären Bereich zwischen den Bio-/Humanwissenschaften und den Computerwissenschaften bzw. der IT ableiten.

Abbildung 2.2: Dynamik von Veröffentlichungen im Bereich biologisch inspirierter IT[4] (Quelle: INSPEC)

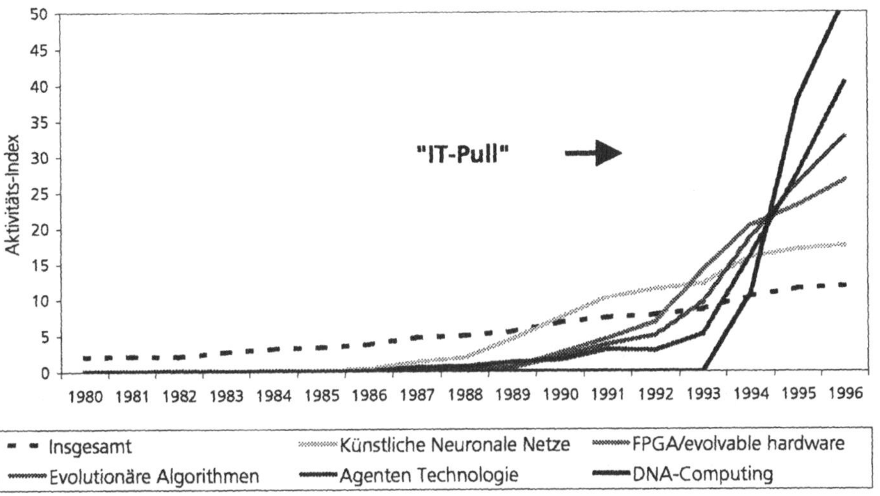

Diese Entwicklungen zeigen verschiedene Facetten des zunehmenden Wissenstransfers zwischen der bio-/humanwissenschaftlichen Grundlagenforschung und den technisch/physikalischen Wissenschaften. Der interdisziplinäre Bereich wird dabei von beiden Richtungen mit neuen Erkenntnissen gespeist, die gegenwärtig allerdings nur lose verbunden sind und jeweils in eine Vielzahl verschiedener, größtenteils unkoordinierter Spezialgebiete zerfallen. Es handelt sich also keineswegs um ein homogenes interdisziplinäres Forschungsgebiet, wie etwa der vorgeschlagene neue deutsche Terminus *Bioinformation* suggeriert. Auch im englischsprachigen

---

3 Dies äußert sich u. a. auch darin, daß Biotechnologie-Unternehmen zunehmend Informatiker, Physiker etc. einstellen.

4 Die Aktivitätsindizes sind so normiert, daß die Flächen unter den entsprechenden Graphen den gleichen Inhalt haben. Zu den ausgewählten Teilbereichen siehe auch Kapitel 2.4.3.

Raum hat sich zur Benennung derartiger FuE-Aktivitäten noch kein einheitlicher Begriff durchgesetzt[5].

Eine zusätzliche Bedeutung erhält das Thema „Lernen von der Natur für informationstechnische Anwendungen", da die neuen, interdisziplinär erarbeiteten Erkenntnisse gleichzeitig auf wachsende Anforderungen und (bereits bestehende) Defizite in der IT selbst sowie an der Mensch-Maschine-Schnittstelle treffen.

Auf dem Weg in die Wissensgesellschaft steigen zum einen die Anforderungen an unterstützende IT als „selektive Intelligenzverstärker". Begrenzungen in Menge und Verfügbarkeit von Informationen in der Vergangenheit werden durch begrenzte Ressourcen zur Aufnahme und Bewertung der produzierten und veröffentlichten Daten und Informationen abgelöst. Zu diesem quantitativen Aspekt kommt der qualitative Aspekt der unglaublich heterogenen Informationen. Wesentlich ist also eine Strukturierung von Information, um die Fähigkeiten des Menschen adäquat zu unterstützen. Diese Anforderung an die Mensch-Maschine-Schnittstelle ist dabei nicht auf den PC beschränkt, sondern sie folgt auch aus dem „Meldeschwall" bei der Steuerung und Regelung großtechnischer Prozesse (Airbus, Großtanker, Kraftwerke etc.). Ferner spielt IT zunehmend auch in vielen anderen technischen Systemen, die früher ohne IT auskamen, eine wichtige, wenn nicht gar zentrale Rolle.

U. a. durch neue Funktionalitäten an der Mensch-Maschine-Schnittstelle und die zunehmende Vernetzung werden informationstechnische Systeme immer komplexer und umfangreicher. Dies stellt nicht nur steigende Anforderungen an Robustheit und Fehlertoleranz im Betrieb, sondern auch an Design und Wartung der Systeme. Systeme, die sich an vielfältige Anwendungssituationen anpassen können und dabei in selbständiger Weise Aufgaben übernehmen, wären wünschenswert.

Diese Anforderungen stehen für zwei Visionen zukünftiger IT, die parallel für verschiedene Anwendungsszenarien diskutiert werden:

- Steigerung der menschlichen Fähigkeiten durch unterstützende IT,

- Ersetzung des Menschen für bestimmte Aufgaben durch autonome Systeme.

Der Weg in Richtung dieser Visionen wurde bislang weitgehend durch neue Softwareentwicklungen beschritten. Innovationen hardwareseitiger Basistechnologien waren überwiegend beschränkt auf eine zunehmende Miniaturisierung und Steigerung der Schaltgeschwindigkeiten. Dies hatte zur Folge, daß softwareorientierte Methoden gegenwärtig bis zu 80 % der gesamten Kosten von IT-Systemen verursachen. Im Hardwarebereich wird zwar für die nächsten zehn Jahre noch mit gleichbleibenden Leistungssteigerungsraten gerechnet; danach sind einer weiteren Mi-

---

5 „Bioinspired computing", „biologically motivated computing" und „biocomputing" sind Beispiele für Bezeichnungen, die derzeit parallel gebraucht werden.

niaturisierung auf Halbleiterbasis jedoch prinzipielle physikalische Grenzen gesetzt. Schon heute bringt allerdings die sich abzeichnende Sättigung des PC-Marktes bei gleichzeitig steigenden Entwicklungs- und Produktionskosten die Hersteller in Bedrängnis.

Die gestiegenen Anforderungen erfordern adaptive Soft- und Hardwaretechnologien, die sich selbständig (autonom) in wechselnde Umfeldbedingungen einpassen, und eine adäquatere Einbettung zukünftiger informationstechnischer Systeme in den Nutzungskontext durch Kommunikationsfähigkeit. Mit den herkömmlichen Methoden und Paradigmen in der IT scheinen diese Anforderungen nicht erfüllbar. Biologische Systeme hingegen erfüllen diese Anforderungen bereits auf der Ebene des Einzellers und müssen dies auch, um als Individuum überleben und als Spezies überdauern zu können. Gleichzeitig können neben neuen Qualitäten für die IT durch ein besseres Verständnis von Nanostrukturen und –prozessen in der Biologie neue Substrate informationstechnischer Hardware und damit neue Größenordnungen erschlossen werden.

Seitens der Biologen wird das größte Innovationspotential in der Übertragung biologischer Grundprinzipien in den informationstechnischen Kontext gesehen, gefolgt von bioanalogen Architekturen und schließlich der direkten Nutzung biologischer Systeme in Form von hybrider Hardware. Insbesondere mittel- bis langfristig wird mit innovativer IT durch Anleihen aus den Bio-/Humanwissenschaften gerechnet[6] (siehe *Abbildung 2.3*).

Abbildung 2.3   Ergebnisse der DFG-Befragung zum Innovationspotential der Bio/-Humanwissenschaften

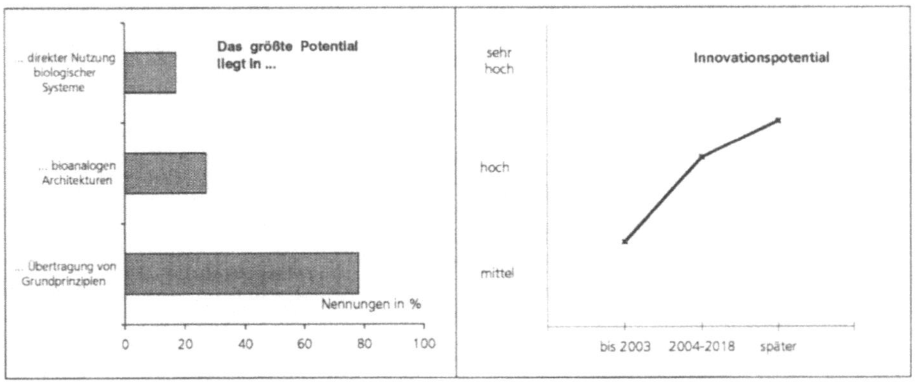

---

6 Dies wird auch durch die Verteilung der erwarteten Realisierungszeitpunkte für biologisch inspirierte Anwendungen im deutschen und japanischen Delphi-Bericht unterstützt (siehe *Abbildung 6.2*).

2.3 Schwerpunkte

Der potentielle Beitrag der Bio-/Humanwissenschaften zur Gestaltung zukünftiger IT wird in Kapitel 4 über alle Organisationsebenen biologischer Systeme hinweg dargestellt. Die Anknüpfung daran durch *biologisch inspirierte IT* weist drei Aspekte auf. Diese unterscheiden sich in der Art der Anleihen, den Hürden der Umsetzung und im Wirkungs- bzw. Anwendungsspektrum:

1. Einerseits werden *bioidentische Funktionselemente* für die Aufnahme, Speicherung und Verarbeitung von Information untersucht. Die größten Schwierigkeiten bestehen hierbei u. a. in der Stabilisierung der Biokomponenten und dem Interface zu herkömmlicher IT. Neben empfindlicheren Sensoren versprechen diese Ansätze u. a. neue Substrate für Speicher und informationsverarbeitende Hardware, die nicht nur eine quantitative Verbesserung bedeuten, sondern u. U. auch neue Qualitäten erschließen.

2. Für *bioanaloge Technologien* müssen die Prinzipien hinreichend untersucht und modelliert sein, die in biologischen Systemen für die in der IT gewünschten Funktionen maßgeblich sind. Eine entscheidende Hürde dabei ist der Stand der Modell- bzw. Theoriebildung in den Bio- und Humanwissenschaften. Bioanaloge Ansätze werden sowohl im Hardwarebereich als auch in softwareorientieren Methoden umgesetzt. Eine besondere Bedeutung kommt der Systemebene zu.

3. Der dritte Aspekt geht über den rein technischen Kontext hinaus und hat die *adäquate Darstellung von Informationen* für den Nutzer und die *Einbettung in den Nutzungskontext* zum Gegenstand. Dafür sind u. a. Erkenntnisse aus der Wahrnehmungspsychologie, der Psychologie, der Pädagogik und den Sozialwissenschaften gefragt, ohne daß die zugrunde liegende IT selbst biologisch inspiriert sein muß.

Der zweite, bioanaloge Aspekt wurde entsprechend des Projektauftrags als Themenfeld *Bioinformation* eingegrenzt und als die *analoge Anwendung von natürlichen Prinzipien oder Architekturen in der IT* festgelegt. IT, die nur in der Begriffswahl, also metaphorisch, den Bezug zur Biologie herstellt, ist nicht Gegenstand der Studie[7]. Auf die beiden anderen Aspekte biologisch inspirierter IT wird in den folgenden Kapiteln eingegangen, wenn der Kontext eine Ergänzung bzw. Kontrastierung nahelegt oder eine scharfe Trennung nicht möglich ist. Wird von biologisch inspirierter IT gesprochen, dann betreffen die entsprechenden Aussagen mehr als einen der drei Aspekte.

---

[7] Von einem metaphorischen Bezug zur Biologie wird im folgenden gesprochen, wenn die in der IT eingesetzten Methoden zwar mit Begriffen operieren, die den Bio-/Humanwissenschaften entlehnt sind, aber die zugrundeliegenden Modelle nicht ebenso auf biologische Systeme anwendbar sind. Dies gilt z. B. für Modelle, die auf der Evolutionstheorie von Lamarck aufbauen. Im Detail wird auf diese Abgrenzung in Kapitel 5 eingegangen.

Die Entwicklung bioanaloger IT in o. g. Verständnis der *Bioinformation* setzt *Interdisziplinarität* als *freiwillige, koordinierte Zusammenarbeit verschiedener Disziplinen[8] für ein gemeinsames Forschungsziel* voraus.

Der *Schwerpunkt* wurde nach der Priorisierung des Auftraggebers auf die bioanaloge *Informationsverarbeitung* in technischen Systemen und die dafür relevanten bio-/humanwissenschaftlichen Erkenntnisse gesetzt. Es wird jedoch ergänzend darauf hingewiesen, daß biologisch inspirierte Innovationen in der IT nicht auf die Informationsverarbeitung im engeren Sinne beschränkt sind, sondern auch andere Aspekte des Umgangs mit Information berühren. Umweltinformationen z. B. werden in Sensoren nicht nur in elektronische Signale gewandelt, sondern gleichzeitig gefiltert und modifiziert, also mehr oder weniger stark verarbeitet. Vergleichbares gilt für die Speicherung. Verläßt man an der Mensch-Maschine-Schnittstelle den rein technischen Aspekt der IT, erweitert sich das Wirkungsspektrum von Erkenntnissen aus den Bio-/Humanwissenschaften nochmals. Technische Systeme dienen nur dann dem Nutzer, wenn die Ergebnisse der Informationsverarbeitung adäquat dargestellt werden und schließlich dem Nutzungskontext angepaßt sind. Nur dann kann es zu einer Umsetzung von Information in Wissen kommen. Die Optimierung der Effizienz informationsverarbeitender Systeme muß diesem erweiterten Kontext über die reine Technik hinaus Rechnung tragen. Hierzu sind nicht nur die Bio-/Humanwissenschaften („life sciences"), sondern auch die Sozial- und Kulturwissenschaften gefragt.

Im Vordergrund der Studie steht der Wissenstransfer von der Biologie zur IT. Diese Schwerpunktsetzung darf nicht den Eindruck erwecken, daß andere Facetten des Wissenstransfers zwischen beiden Disziplinen nicht ebenso bedeutend sind, zumal häufig die gleichen Akteure beteiligt sind. Eine Eingrenzung der Sichtweise der Bio-/Humanwissenschaften als Lieferant neuer Erkenntnisse, die seitens der IT nachgefragt werden, wäre eine Verkürzung der Dynamik des Wechselspiels (siehe *Abbildung 2.4*).

Seit einigen Jahren etabliert sich die Biologie (bzw. die „life sciences") als neue „Leitwissenschaft"[9]. Die IT ist dabei nicht der einzige Bereich mit wachsender Be-

---

8 Die *Bioinformation* umfaßt mit den Bio- und Humanwissenschaften, der Physik, der Informatik, Mathematik und den Ingenieurwissenschaften nicht nur Disziplinen mit teilweise sehr langer, verschiedener Geschichte, sondern auch mit unterschiedlichen Methoden und Zugangsweisen zum Untersuchungsgegenstand. Einerseits erfordert die Generierung IT-relevanter Erkenntnisse in den Bio-/Humanwissenschaften die konstruktive Zusammenarbeit verschiedener biologischer Teilgebiete (kleine Interdisziplinarität) bzw. vermehrt auch mit gegenüber der Biologie stärker theorieorientierten Disziplinen wie der Physik (große Interdisziplinarität). Die Übertragung dieser Erkenntnisse in den Kontext der IT wiederum setzt Forschungskooperationen mit Informatikern und Technikern voraus. Im Falle von IT-Ansätzen, die auf der Verwendung bioidentischer Elemente basieren, müssen neben informationstechnischen Kentnissen noch Erfahrungen mit biotechnologischen Verfahren einfließen.

deutung, der stark von den Bio-/Humanwissenschaften profitiert. Die im folgenden kursorisch genannten Querbezüge sind wichtig, werden aber im Rahmen der Studie nicht weiter behandelt.

Abbildung 2.4   Facetten des Wissenstransfers zwischen den Bio-/Humanwissen-schaften und der IT

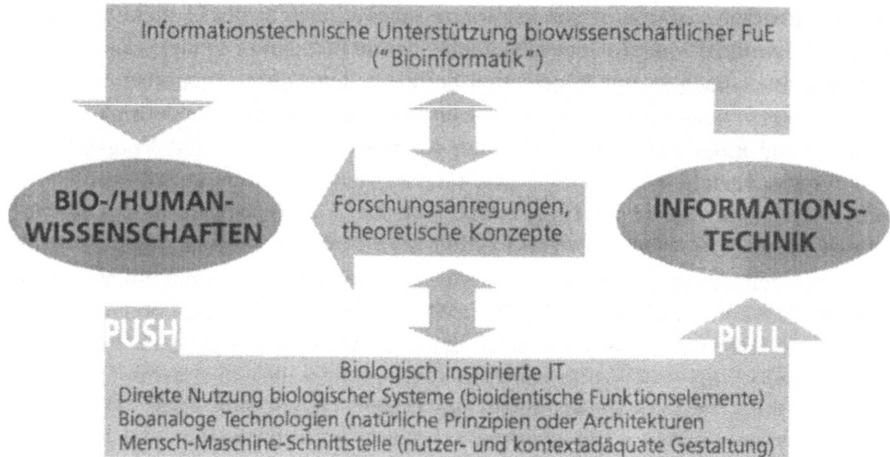

- In der Auseinandersetzung mit DNA als neuem Substrat zur Informationsverarbeitung werden auch weiterführende Erkenntnisse hinsichtlich der Erzeugung von Nanostrukturen erwartet[10]. Die Untersuchung von IT-relevanten Prozessen der Signalverarbeitung in der Zelle, von Formen interzellulärer Kommunikation, von Aspekten der Genetik und Morphogenese haben gleichzeitig Innovationen im „traditionellen" Anwendungsspektrum bio-/humanwissenschaftlicher Erkenntnisse der Medizin sowie der Landwirtschaft und Ernährung zur Folge. Für die Medizin sind insbesondere die Arbeiten der Gehirnforschung bzw. generell der Neurowissenschaften von mindestens ebenso großer Bedeutung wie für die IT[11].

---

9 Vgl. z. B. die Untersuchung unter Wissenschaftlern verschiedenster Arbeitsgebiete im Auftrag der Zeitschrift „Science" zur Frage, welche Disziplin die wichtigsten Ergebnisse in den nächsten zehn Jahren verspricht (Science 18. Sept. 1992, S. 1735-36).

10 Vgl. z. B. Baum, E. et al. (1998): DNA-templated assembly and electrode attachment of a conducting silver wire. In: nature 391,775-778 oder Winfree, E. über „self-assembly of DNA" In: nature, 6. August 1998.

11 Dem wird z. B. am japanischen „Brain Science Institute" (siehe Kapitel 7.3) durch die parallel verfolgten Arbeitslinien „development of brain-style-computers" und „conquest of diseases of brain" Rechnung getragen.

- Darüber hinaus ist in den letzten Jahren die Nutzung biologischer Metaphern und zunehmend auch fundierte Bezüge zur Biologie in den Organisationswissenschaften („evolutionäre", „lernfähige" Unternehmen[12]) sowie den Gesellschaftswissenschaften zu beobachten. Ansätze des „artificial life" etwa wurden zu Untersuchungen von „artificial societies" weitergeführt, um emergente Makrophänomene auf der Basis individueller Entscheidungen besser zu verstehen[13].

Diese zentrale Einbindung der Bio-/Humanwissenschaften in vormals unverbundene Arbeitsfelder ist insofern bedeutend, als Erkenntnisse, die primär in die eine Richtung wirkten, auch unmittelbare Auswirkungen auf die anderen haben können.

2.4   Analysekategorien und methodischer Ansatz

Entsprechend der Zielsetzung der Untersuchung wurden die drei Untersuchungsbereiche „IT-relevante Forschungsthemen in den Bio-/Humanwissenschaften", „biologisch inspirierte Methoden in der IT" und „Anwendungsaspekte" festgelegt und dafür die wesentlichsten Analysekategorien ermittelt.

Da sowohl Forschungsperspektiven als auch potentielle Anwendungen zu ermitteln waren, wurde das Themenfeld *Bioinformation* über verschiedene Methoden gleichzeitig erschlossen, die in den Kapiteln 2.4.1 bis 2.4.4 skizziert sind.

Während die Bibliometrie und Patentstatistik auf der Analyse konkreter, vergangener FuE-Aktivitäten (Veröffentlichungen bzw. Patentanmeldungen) eine Beurteilung der bisherigen Dynamik des Themenfeldes erlauben und per Extrapolation mögliche Entwicklungen erschließen, werden mit der Delphi-Methode Zukunftsvisionen gegenübergestellt. Die aggregierten Aussagen aus einer DFG-Befragung gaben insbesondere Auskunft zum generellen Innovationspotential bio-/humanwissenschaftlicher Erkenntnisse auf verschiedenen Zeitskalen sowie über die Art des Biologiebezugs entsprechender Innovationen in der IT.

Die Verbindung konkreter FuE-Aktivitäten mit Aussagen über zukünftige Entwicklungen sowie Visionen bzw. die Anbindung möglicher Zukünfte an aktuelle Ergebnisse wurde durch leitfadengestützte Expertengespräche hergestellt. Diese und die Auswertung von Fachliteratur dienten auch dazu, die Bezüge zwischen den drei Untersuchungsbereichen zu ermitteln.

---

[12] Vgl. z. B. Kelly, K. (1997): Das Ende der Kontrolle – Die biologische Wende in Wirtschaft, Technik und Gesellschaft. Bollmann.

[13] Epstein, J.M. und Axtell, R. (1996): Growing artificial societies: social science from the bottom up. The Brookings Institution: Washington D.C.

Die Expertengespräche sind zwar Hauptpfeiler der Untersuchung, wären alleine jedoch unzureichend, da die Einzelaussagen jeweils stark geprägt sind vom eigenen Arbeitsbereich. Vergleichende Aussagen zu Zeithorizonten und zur Bedeutung der gewonnenen Erkenntnisse lassen sich daraus nur bedingt gewinnen. Standardisierte Befragungen über einen breit gestreuten Expertenkreis (Delphi-Studie und DFG-Befragung) erlauben differenziertere Aussagen bei der Eingrenzung der Untersuchungsbereiche sowie der Akzentuierung von Forschungsthemen bzw. Entwicklungsvorhaben.

Es hat sich ebenso als sinnvoll erwiesen, die Aussagen der interviewten Experten zu Deutschlands Position im internationalen Vergleich durch zusätzliche Informationen abzusichern. Dies gilt auch für die diesbezüglichen Ergebnisse der Delphi-Befragung. Einen zusätzlichen Stützpfeiler bieten hier die Bibliometrie und die Patentstatistik.

2.4.1 Leitfadengestützte Expertengespräche

Entscheidend für die ausgewogene Erfassung der Untersuchungsbereiche war die adäquate Auswahl der Experten. Den Expertengesprächen lag dabei ein zweistufiges Konzept zugrunde, das sich auch in zwei verschiedenen Leitfäden niederschlug.

Zu Projektbeginn wurden zunächst aus einer umfangreichen Datenbasis 15 Experten ermittelt, die durch ihre Aktivitäten einen möglichst breit gefächerten Überblick über das Themenfeld *Bioinformation* bzw. generell über biologisch inspirierte IT erkennen ließen. Der Leitfaden für die erste Stufe beinhaltete neben Fragen zur FuE-Infrastruktur, zum Innovationspotential der Bio-/Humanwissenschaften für die IT, davon berührten Technologiebereichen und möglichen Anwendungen auch Fragen zur Strukturierung des Themenfeldes. Die genannten und empfohlenen Strukturierungsdimensionen flossen maßgeblich in die Gliederung der Untersuchung ein. Diese erste Runde von Expertengesprächen diente auch dazu, weitere relevante Akteure, insbesondere im Ausland, sowie Fachtagungen zu erfragen.

In der zweiten Stufe wurde auf explizite Fragen zur Strukturierung und Eingrenzung des Themenfeldes verzichtet, dafür die anderen Fragekategorien verfeinert (siehe Anhang B). Darüber hinaus wurde mehr Zeit auf die Diskussion des speziellen Arbeitsgebietes sowie der diesbezüglichen Ergebnisse aus der Indikatorik[14] verwandt. Auffällig war die positive Resonanz bei der Vereinbarung der Interviews und das große Interesse der Experten an der Studie.

---

[14] Auf die Delphi-Auswertungen, die Bibliometrie, die Patentstatistik und die DFG-Befragung wird im folgenden unter dem Begriff „Indikatorik" Bezug genommen.

Insgesamt wurden 77 Interviews geführt (siehe Anhang A) und protokolliert. Die speziellen Arbeitsgebiete wurden dabei so ausgewählt, daß eine adäquate Ergänzung zum internen Expertenwissen gewährleistet war. Insbesondere sollten Bio-/Humanwissenschaftler von der Molekül- bis zur Populationsbiologie vertreten sein sowie Computerwissenschaftler mit Expertise in Hard-, Software- und Systementwicklung. Etwa 17 % der Expertengespräche wurden mit Vertretern der industriellen FuE geführt.

Nach Abschluß aller Expertengespräche ergab sich die in *Abbildung 2.5* dargestellte Verteilung.

Die in den Experteninterviews gewonnenen Informationen wurden schließlich entsprechend der Fragekategorien zusammengestellt und ausgewertet.

Abbildung 2.5:   Verteilung der Experten nach Land und Arbeitsgebiet. Experten, die sowohl bio-/humanwissenschaftliche Grundlagenforschung betreiben als auch die Entwicklung von IT wurden unter dem Stichwort *Bioinformation* zusammengefaßt.

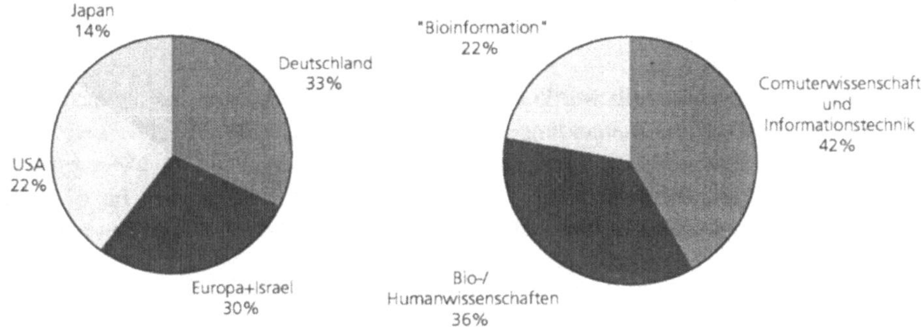

2.4.2 Themenbezogene Auswertung des deutschen und japanischen Delphi-Berichts

Der Kern des Delphi-Verfahrens besteht aus zwei Befragungsrunden unter Gewährleistung der Anonymität. Von Fachkommissionen erarbeitete Thesen werden einer großen Anzahl von Experten zur Bewertung vorgelegt. Deren Antworten werden ausgewertet und denselben Personenkreisen erneut zugeschickt. In dieser zweiten Runde sollen die Experten ihre Antworten unter dem Einfluß der aggregierten Einschätzungen ihrer Fachkollegen noch einmal überdenken. In methodischer Hinsicht ist die Auswahl und Formulierung der Thesen zentral. Herausragende Entwicklungen müssen erkannt werden und sich in entsprechender Breite niederschlagen.

Zweck der Delphi-Berichte ist es, durch Visionen, die einzeln bewertet und damit gegenübergestellt werden können, Wissen zur langfristigen[15] Orientierung zu sammeln und dabei einen personell und institutionell möglichst breit angelegten Prozeß der Auseinandersetzung mit erwarteten und begründbaren Entwicklungen der Wissenschaft, der Technik und der Gesellschaft anzustoßen. Es geht dabei nicht um eine verläßliche Prognose, die objektiv unmöglich ist[16].

Mit der Auswertung der Delphi-Berichte wurden die Aussagen der interviewten Experten durch Informationen zur Positionierung biologisch inspirierter IT und dazugehöriger Teilgebiete im Vergleich zur gesamten, im Delphi-Bericht erfaßten FuE-Dynamik ergänzt. Grundlage der Auswertung waren der aktuelle deutsche[17] und japanische[18] Delphi-Bericht.

Im ersten Arbeitsschritt wurden alle 1070 im deutschen Delphi-Bericht formulierten Thesen aus zwölf Bereichen auf ihre Relevanz hinsichtlich biologisch inspirierter IT untersucht. Insgesamt wurden 79 Thesen aus sieben Bereichen ausgewählt. Sechs dieser Thesen beziehen sich auf herkömmliche Alternativen zu biologisch inspirierten Ansätzen.

Im zweiten Arbeitsschritt wurde eine Gliederung entwickelt, in die die ausgewählten Thesen ohne Überschneidungen aufgenommen wurden. Schließlich wurden je nach Fragestellung verschiedene Gliederungspunkte ausgewählt und eine quantitative Analyse in allen Fragekategorien „Fachkenntnis", „Wichtigkeit für ..", „Zeitraum der Realisierung", „höchster FuE-Stand", „wichtige Maßnahmen" und „Folgeprobleme" vorgenommen.

Der deutsche Delphi-Bericht ist sowohl in der Konzeption als auch in der Auswahl der Thesen ähnlich angelegt wie der japanische Delphi-Bericht. Ausgewählten Experten in Japan wurden 1072 Thesen aus 14 Themenbereichen vorgelegt.

Im japanischen Delphi-Bericht wurden 136 Thesen mit Bezug zu biologisch inspirierter IT (also deutlich mehr als im deutschen Bericht) identifiziert sowie 23 The-

---

[15] Die Visionen erstrecken sich über Realisierungszeitpunkte von der unmittelbaren Zukunft bis zu einem Horizont von etwa 30 Jahren.

[16] Aus retrospektiver Sicht kann jedoch der Grad der „Selbsterfüllung" der Delphi-Visionen als erstaunlich hoch eingestuft werden (Vgl. BMFT: Deutscher Delphi-Bericht 1993, S. XXIIf.).

[17] BMBF (1998): Studie zur globalen Entwicklung von Wissenschaft und Technik.

[18] NISTEP Report No. 52, The sixth technology forecast survey, June 1997, NISTEP und Science and Technology Agency, Japan

sen zu herkömmlichen Speicher-/Prozessortechnologien und Themen der Forschung, die im deutschen Delphi-Bericht nur ansatzweise oder gar nicht gefragt sind. Die Neugruppierung verlief analog zur Auswertung des deutschen Berichts. Da die Ergebnisse des japanischen Delphi-Berichts nicht auf Datenträger vorlagen beschränkte sich die quantitative Analyse auf die Kategorien „expected realization time", „importance" und „expected effect on socioeconomic development". Die Kategorien „leading countries", „measures the government should adopt" und „potential problems" wurden qualitiv ausgewertet.

Die Ergebnisse der themenbezogenen Auswertung des deutschen Delphi-Berichts sowie die vergleichende Auswertung des japanischen Berichts wurden in Form von projektbegleitenden Arbeitspapieren zusammengefaßt.

2.4.3 Patentstatistik und Bibliometrie

Technologische Entwicklungstrends lassen sich mit Hilfe von patentstatistischen Verfahren analysieren. Grundlage dieser Verfahren ist, daß sich Ergebnisse im Bereich der anwendungsorientierten Forschung und Entwicklung in Patentanmeldungen niederschlagen. Die Anzahl von Patentanmeldungen pro Zeiteinheit in einem definierten Technikfeld repräsentiert somit die Intensität der FuE-Aktivitäten in diesem Feld.

Da das Patentierverhalten bzw. die Patentierneigung in den einzelnen Ländern variiert, und auch das Patentaufkommen in Abhängigkeit von der wirtschaftlichen Bedeutung eines Landes unterschiedlich ist, bietet sich für statistische Vergleiche auf Länderebene das Europäische Patentamt an. Dort gelten für alle (europäischen) Länder einheitliche Zugangsbedingungen. Weiterhin kann man eine Selektion qualitativ höherwertiger Patente voraussetzen, da die Verfahrensgebühren sehr hoch sind, sich aber rechnen, sobald die Anmeldung in mindestens drei Bestimmungsländern erfolgen soll. Dies ist wiederum vor allem für wirtschaftlich relevante Patente interessant.

Die Patentrecherchen wurden daher auf der Basis der Patentanmeldungen am Europäischen Patentamt (EPA) durchgeführt, allerdings nicht direkt in der Datenbank des Europäischen Patentamtes (EPAT), sondern in der Datenbank WPIL (World Patents Index Latest). WPIL umfaßt die Patente von mehr als 36 nationalen Patentämtern, dem Europäischen Patentamt sowie der World Intellectual Property Organisation (WIPO). Der Vorteil dieser Datenbank besteht darin, daß der Hersteller Derwent eigene Abstracts erstellt und durch diese inhaltliche Aufbereitung Rechercheergebnisse auf der Basis von Stichworten qualitativ besser sind als Recherchen in den Abstracts der Originaldokumente.

Die Suchstrategien wurden analog zur Bibliometrie (s. u.) erstellt. Sofern vorhanden, wurden relevante Stichworte noch durch geeignete Klassifikationen der Internationalen Patentklassifikation (IPC) ergänzt. Zeitreihen, die Informationen zur Entwicklungsdynamik eines Technikfeldes liefern, wurden für die Jahre 1980 bis 1995 ermittelt, da aufgrund der Offenlegungsfrist das Jahr 1995 das letzte aktuell erfaßbare Jahr war. Die Länderanalyse erfolgte auf der Basis des Prioritätslandes für die Länder USA, Japan, Deutschland, Frankreich und Großbritannien. In Abhängigkeit von der erzielten Treffermenge wurde ferner für einen aktuellen Zeitraum (i. d. R. 1993-1995) eine Liste der Erstanmelder erstellt. Patentanmelderlisten bzw. Listen der publizierenden Institutionen geben Hinweise auf relevante Akteure im universitären, außeruniversitären und industriellen Umfeld.

Aufgrund der fachlichen Breite und Komplexität des Bereichs *Bioinformation* war es nicht möglich, eine umfassende Felddefinition für den Gesamtbereich zu erstellen. Daher wurden zahlreiche Teilbereiche definiert und zunächst auf ihre Eignung als eigenständig recherchierbare Technikfelder überprüft. Erste Testrecherchen lieferten Hinweise auf die zu erzielenden Treffermengen durch Stichworte bzw. Thesaurusbegriffe und Klassifikationen. Ein grundsätzliches Problem der Patentstatistik ist dabei, daß die Klassifikationen bzw. Stichworte keine zweifelsfreie Aussage zulassen, ob es sich um Patente mit konkretem Bezug zu bio-/humanwissenschaftlichen Erkenntnissen handelt oder aber nur um eine metaphorische Verbindung.

In einem rekursiven Prozeß wurden die Strategien mit dem Ziel verbessert, für jeden Teilbereich eine möglichst eindeutige und klar abgrenzbare Recherchestrategie mit hoher Relevanz der Treffermenge zu definieren, wobei aus statistischen Gründen ein gewisser Mindestumfang der Treffermenge angestrebt wurde.

Kern der bibliometrischen Analyse ist die Tatsache, daß die Zahl wissenschaftlicher Publikationen in einem definierten Technikfeld die Intensität der grundlagenorientierten Forschungsaktivitäten in diesem Feld repräsentiert. Die benötigten quantitativen Daten wurden per Online-Recherchen in der Literaturdatenbank INSPEC erhoben, eine bibliographische Datenbank, die die weltweit erscheinende Literatur aus den Gebieten Physik, Elektronik, Elektrotechnik, Informatik und Informationstechnologie abgedeckt. Da auch Dokumente aus angrenzenden bzw. interdisziplinären Bereichen wie Biophysik aufgenommen werden, lassen sich sowohl auf der Basis von Klassifikationen als auch von Stichworten biologierelevante Bereiche abgrenzen. Es ist allerdings zu beachten, daß Dokumente aus der experimentellen biologischen Grundlagenforschung überwiegend nicht enthalten sind[19], sondern vielmehr solche mit modellorientiertem bzw. biophysikalischem Charakter.

---

[19] Dies wurde auch schon im Zusammenhang mit Recherchen zur Bioelektronik deutlich.

Auf der Recherche-Ebene zeigte sich, daß der zu analysierende Bereich *Bioinformation* und darüber hinaus die biologisch inspirierte IT generell sehr breit und so vielseitig ist, daß eine umfassende Felddefinition nicht erstellbar ist. Um dennoch einen Eindruck von der Entwicklungsdynamik biologisch inspirierter IT zu erhalten, wurden Stichworte aus dem biologischen Bereich (wie z. B. „genetic...", „evolution...", „neuron...") mit Stichwortkombinationen aus dem informationstechnischen bzw. computerwissenschaftlichen Bereich (wie z. B. artificial intelligence, autonomous systems, adaptive systems) kombiniert, die als beispielhaft für den Gesamtbereich anzusehen sind. Alle weiteren Recherchen bezogen sich immer auf exemplarische Teilbereiche biologisch inspirierter IT. Generell basierten die Teilbereichsdefinitionen auf einer Kombination aus Stichworten, Begriffen aus dem datenbankspezifischen Thesaurus (controlled terms) und gegebenfalls datenbankspezifischen Klassifikationen. Die Teilbereichsdefinitionen wurden dabei auch so gewählt, daß eine Gegenüberstellung der Publikations- und der Patentaktivitäten grundsätzlich möglich ist (vgl. *Tabelle 2.1*).

Tabelle 2.1:   Recherchekategorien für die bibliometrische und patentstatistische Analyse (X: Recherche und Analyse durchgeführt, (X): Recherche durchgeführt aber keine ausreichende Statistik für die Analyse, --: keine Recherche durchgeführt, da entsprechende Kategorie nicht vorhanden)

	Patentstatistik	Bibliometrie
Artificial Neural Networks	X	X
Fuzzy Logic	X	X
Speech Recognition	X	X
Optical Pattern Recognition	X	X
Agent Technology	X	X
Robotics/Lernende Maschinen	X	X
Selbstanpassende Steuerungssysteme	X	--
DNA-Computing	(X)	X
FPGA/ evolvable hardware[20]	(X)	X
Genetic Algorithms	(X)	X
Neurophysiological Processes[21]	--	X
Brain Models[22]	--	X
Cellular Biophysics[23]	--	X

---

20 Die ermittelten Patente beziehen sich auf hardwarespezifische Aspekte der FPGA. Eine Verbindung der Patente zur Anwendung von FPGAs in „evolvable hardware" konnte bis 1995 nicht hergestellt werden.

21 Ausgehend von der INSPEC-Klassifikationskategorie „Biophysics of Neurophysiological Processes": External and Internal Data Communications, Nerve Conduction, Synaptic Transmission.

22 Ausgehend von der INSPEC-Klassifikationskategorie „Biophysics of Neurophysiological Processes": Brain Models, Memory Storage and Memorization.

Für die einzelnen Teilbereiche wurde in der Regel eine Zeitreihe von 1980 bis 1997 erstellt, wobei 1996 das letzte, weitgehend vollständige Publikationsjahr darstellt. Die entsprechenden Daten wurden auch auf der Ebene von Ländern bzw. Regionen erhoben: USA, Japan, Deutschland und EU (EC15). Ein Problem hierbei besteht darin, daß das Herkunftsland der Publikationen in Literaturdatenbanken weder systematisch erfaßt wird, noch in einer einheitlichen Schreibweise vorzufinden ist. Obwohl in den letzten Jahren in INSPEC in zunehmendem Maß auch die Länderkennung aufgenommen wird, ist davon auszugehen, daß im Rahmen der Online-Recherche zwischen 10 % und 20 % der Dokumente keinem Land zugeordnet werden können. In Abhängigkeit von der erzielten Treffermenge für den definierten Teilbereich wurde für einen aktuellen Zeitraum (i. d. R. 1995-1997) eine Liste der publizierenden Institutionen (Datenbank-Feld: Corporate Source) erstellt. Diese geben Hinweise auf wichtige internationale Akteure, sowie auf deren institutionelle Einbindung (Universität, sonstige Forschungsinstitute, Industrie).

2.4.4   DFG-Befragung

Die Idee zur ursprünglich nicht vorgesehenen DFG-Befragung resultierte aus Schwierigkeiten, Forschungsergebnisse, die sich auf grundlegende biologische Prinzipien und Sachverhalte beziehen, in der bibliometrischen Analyse zu berücksichtigen. Es zeigte sich, daß die für eine Selektion relevanter Dokumente notwendigen Stichworte aus der IT in der biologischen Literaturdatenbank BIOSIS nicht auftauchen. Sowohl bei der Vergabe der Klassifikationen als auch bei der Verschlagwortung orientiert man sich an typisch biologischen Merkmalen und verwendet nicht Begriffe, die einen Bezug zu informationstechnischen Anwendungen offensichtlich werden lassen.

Daher wurde der deutsche Kreis der Biologen (Mikrobiologen, Populationsbiologen u. a.) auf der Basis des DFG-Forschungskatalogs (1996/1997) direkt befragt, um auf diese Weise erweiterte Kenntnisse zu erhalten. Nicht befragt wurden ausdrücklich Neurowissenschaftler, Kognitionswissenschaftler u.ä., da in diesen Feldern die Verbindung zu den Computerwissenschaften vergleichsweise stärker ausgeprägt (und teilweise schon institutionalisiert) ist und hierzu auch bessere Kenntnisse aus dem Wissenschaftsumfeld vorlagen.

Die Umfrage wurde im April 1998 durchgeführt. Angeschrieben wurden die Sprecher von 154 relevanten Förderprogrammen im Bereich Bio-/Humanwissenschaften (Sonderforschungsbereiche, Graduierten- und Innovationskollegs, Forschergruppen, Schwerpunktprogramme). Es ergab sich ein sehr hoher Rücklauf von ca. 55 %. Der vollständige Fragebogen ist im Anhang C aufgeführt.

---

23 Ausgehend von der INSPEC-Klassifikationskategorie „Cellular Biophysics": Physics of Subcellular Structures.

3 Anforderungen an Informationstechnik – Defizite heutiger Ansätze

Informationstechnik, wie sie sich heute darstellt, bietet effiziente und exakte Lösungen für viele spezielle oder abstrakt zu definierende Probleme. Weniger gut finden sich jedoch Lösungen für Bereiche, die „offene" Umgebungen (so z. B. dem Menschen angepaßte Arbeitsplätze) voraussetzen oder das Hauptaugenmerk auf langfristige Robustheit und Adaptivität legen.

Veränderungen werden in der belebten Natur dank lebenslanger Adaptation und großer Robustheit oft mit geradezu spielerischer Leichtigkeit behandelt, während die absolut zu messende Präzision der Lösungen oft hinter der von technischen Systemen hinterherhinkt. Da die mangelnde Robustheit und Flexibilität heutiger technischer Systeme eine sehr ernste Einschränkung bzgl. deren Anwendbarkeit darstellt, lohnt sich also ein detaillierter Blick in die Biologie und die Humanwissenschaften.

Dieses Kapitel versucht zunächst die Begriffe der Information in Technik und Natur nebeneinander zu stellen, um dann auf die einzelnen Defizite heutiger technischer, informationsverarbeitender Systeme einzugehen und deren jeweilige Perspektiven in der Biologie aufzuzeigen. Eine Liste der wichtigsten Problemfelder beschließt diese Besprechung.

3.1 Begriffsbestimmung und Vorüberlegung

In dieser Studie wurden zwei Begriffe, *Bioinformation* und *Information* im orthodoxen, ingenieurgeprägten Verständnis, einander gegenüber gestellt. Weitgehende Übereinstimmung bei den befragten Experten fand das Ziel, biologische Systeme als „Wegweiser" für Forschung und Entwicklung im Bereich neuer Technologien zu betrachten. Offenbar sieht man bei Lebewesen viele solcher Probleme gelöst, die sich heute bei technischen Systemen stellen. Mithin stellte sich die Frage, in welchem Verhältnis beide Begriffe zueinander stehen:

Ist der Begriff der Information, der heute der Analyse und Konstruktion technologischer Systeme zugrunde gelegt wird, für die Beschreibung und Analyse biologischer Systeme angemessen?

Ist also *Bioinformation* ein bloßes Spezialgebiet der existierenden Informationstheorie, oder gibt es wesentliche Unterschiede, die u. U. dazu führen, daß der heutzutage benutzte Informationsbegriff bei technischen Systemen für biologische Systeme nicht anwendbar ist? Die Beantwortung dieser Fragen ist eine notwendige Voraussetzung dafür, FuE-Perspektiven zukunftsorientierter Technologie zu formulieren.

Tatsächlich erscheint die direkte Übertragung des technischen Informationsbegriffs auf biologische Systeme problematisch. Eine der wesentlichen impliziten Voraussetzungen dieses Begriffes ist, daß es bzgl. der Interpretation eines Signals eine vollständige Übereinkunft von Sender und Empfänger gibt; erst dann kann der Empfänger als „Wieder-Entdecker" der Information angesehen werden, die vom Sender emittiert wurde. Doch eben diese Voraussetzung ist bei biologischen Systemen i. a. nicht erfüllt: Ein bestimmtes Signal, etwa ein Transmitter oder ein Hormon, bewirkt je nach Entwicklungszustand des Systems unterschiedliche Veränderungen. Im Gegensatz zu technischen Systemen existieren dabei beim sendenden System i. a. fast keine Annahmen über den Zustand des Empfängers. Auch werden bestimmte Perzeptionszustände beim Empfänger nicht explizit (d. h. durch vorhergehende Simulation des Empfängerverhaltens) herbeigeführt.

Deshalb müssen biologische Systeme eher als „informations-erzeugende", denn als bloße „informations-verarbeitende" Systeme angesehen werden. Allerdings erscheint der technische Begriff der Information hierbei ebenfalls nicht hinreichend: *Biologische Systeme „reden" über Bedeutungen, nicht über Informationen.* D. h. der Informationsgehalt einer Signalfolge kann nur anhand der Wirkung dieser Signalfolge in einem bestimmten Kontext interpretiert werden. Diese induzierte Wirkung bestimmt den weiteren Entwicklungsprozeß des Systems und verändert die Bedingungen, unter denen nachfolgende Signale aufgenommen werden und eine Wirkung entfalten.

Natürlich werden sich auch in technischen Systemen die Zustände der empfangenden Einheiten ständig ändern. Der Unterschied zu natürlichen Systemen wird jedoch an der Art der Veränderung deutlich. Während sich bei lebenden Systemen die ganze Morphologie bezüglich eines empfangenen Signals ändern kann, wirken sich Signale in technischen Systemen lediglich auf Teilsysteme (einzelne Module) und auch hier nur auf beschränkte Aspekte, d. h. weder auf die Architektur noch auf andere grundlegende Strukturen (wie z. B. die Art der Sensorik) des Empfängers aus. So kann ein biologisches System z. B. versuchen, Beschädigungen durch Neuverteilungen oder Neuanpassung verbliebener Sensoren auszugleichen. Das ist eine Reaktion, die heutigen technischen Systemen noch verschlossen bleibt.

Biologische Systeme sind ebenso selbst-referentielle Systeme. Es ist heute weitgehend unklar, wie Bedeutung etwa im zentralen Nervensystem kodiert wird. Grundlegende Fragen der heutigen Hirnforschung sind: Was ist die Natur des neuronalen Kodes? Wie findet eine Integration und Assoziation der Reizverarbeitung im Gehirn statt und welches sind die neurobiologischen Organisationsprinzipien während Ontogenese, Lernen und plastischer Adaptation? Die reinen physikalisch-chemischen Grundlagen dieser Prozesse sind nur notwendige, nicht aber hinreichende Bedingungen dafür, daß Bedeutungen zugeschrieben werden. In diesem Sinne kann man zwar Signal-Folgen und Folgereaktionen beobachten, etwa die Spikes, die durch einen Stimulus induziert wurden; über die Bedeutung weiß man jedoch so gut wie nichts. Dementsprechend steht heute kein Informations- bzw. Bedeutungsbegriff zur Verfügung, der biologischen Systemen angemessen ist.

Die biologische Kybernetik hat auf der Grundlage der Kontrolltheorie und insbesondere auf der Theorie nichtlinearer, dynamischer Systeme und der Nichtgleichgewichts-Thermodynamik viele Teilprozesse biologischer Systeme beschreibbar gemacht. Dementsprechend erfolgt das Verstehen biologischer Systeme aufgrund von Begriffen und formalen Ansätzen, die zumeist in anderen Disziplinen entwikkelt wurde. Inwieweit diese Grundlagen für die Beschreibung biologischer Systeme sinnvoll sind, ist jedoch offen. Die Erklärungskraft elaborierter Konzepte und Theorien etwa aus der Physik hinsichtlich biologischer Systeme muß hinterfragt werden.

3.2 Defizite heutiger IT-Systeme

Die *Systemtheorie für technische Systeme* stellt heute eine Vielzahl von theoretisch untermauerten Problemlösungsstrategien zur Verfügung. Diese beruhen jedoch auf gewissen Voraussetzungen. So sind Lösungsstrategien im Rahmen der derzeit existierenden und ausgearbeiteten Systemtheorie wesentlich von der Voraussetzung abhängig, daß die Umwelt eines Systems entweder deterministisch oder statistisch ist. Tatsächlich ist jedoch die natürliche Umwelt typischerweise nur partiell determiniert, d. h. neben determinierten gibt es stochastische Komponenten. Nur wenn beide Einflüsse unabhängig voneinder sind, oder ein spezielles Modell postuliert werden kann, können die für die Theorie so fundamentalen Größen wie Erwartungswerte und Varianzen oder die Anwendung des „Zentralen Grenzwert-Satzes" postuliert werden. Diese Annahme ist aber im allgemeinen nicht verifizierbar. Dies ist einer der Gründe dafür, warum mittels klassischer Systemtheorie konstruierte Artefakte nur in hoch-strukturierten und weitgehend isolierten Umgebungen verläßlich funktionieren.

Ohne eine adäquate *Strukturtheorie* der Informatikwissenschaften[24] können bzgl. komplexen, agierenden und interagierenden Systemen nur eingeschränkte Antworten geliefert werden. Das grundlegende Struktur-Funktions-Problem besteht hierbei zunächst darin, zu klären, wie man für eine beliebige Aufgabe eine Klasse von Strukturen systematisch aufbauen kann, auf denen sich eine hinreichend gute

---

[24] In der Informatik selber wird folgendes darunter verstanden: Die Analyse technischer, organisatorischer oder natürlicher Systeme führt zu einem Struktur-Funktions-Modell, d.h. einer Abbildung von Architektur auf Funktionalitäten. Basierend darauf werden dann die Informationsprozesse isoliert und speziell bearbeitet.

Lösung konstruieren läßt. Aufgrund prinzipieller Probleme (etwa Nichtlinearität, Verrauschtheit der Daten) gibt es bislang keine befriedigende Theorie derartiger Systeme, die es erlaubt, auf eine systematische Art und Weise stabile und flexible Lösungen zu konstruieren. In diesem Sinne sind die konzeptuellen Grundlagen der Biologie und insbesondere das Strukturproblem der Biologie vollständig unverstanden.

Insbesondere ist unklar, inwieweit die heutigen Rechnerarchitekturen adäquat sind für die Beschreibung biologischer Systeme. Es ist nicht klar, daß sich die entsprechenden Probleme in sinnvoller Weise auf die bekannten Rechnerstrukturen abbilden lassen. Es ist also zweifelhaft, einen Fortschritt nur in der Entwicklung schnellerer Rechner zu sehen; notwendig ist die Entwicklung neuer und besserer *Architekturen*, die die Vielfältigkeit lebender Systeme widerspiegeln.

Ein anderes wesentlich mit obiger Betrachtung zusammenhängendes Defizit heutiger technischer, informationsverarbeitender Systeme besteht in ihrem Designprozeß. Da eine direkte Ableitung von Strukturen aus funktionalen Erfordernissen heute nicht möglich ist, behilft man sich mit rekursiven modularen/funktionalen Zerlegungen in einfache Teilsysteme. Da aber der Zerlegungsprozeß selbst nicht direkt an die tatsächlichen Erfordernisse, sondern i. a. an Erfahrung und Vorstellung des Konstrukteurs angelehnt ist, schränkt dieses Verfahren den Designraum unter Umständen kritisch ein. Die „Repräsentationen", die so auf Zwischenstufen der Verarbeitung entstehen, widerspiegeln oft rigide Schnittstellen und fest gefügte, vorgegebene Strukturen, nicht jedoch notwendig die optimale, einfachste oder schnellste Lösung der Aufgabe. Die in diesem Zusammenhang in der Biologie zu beobachtenden Wachstumsprozesse bieten dagegen ein völlig anderes Bild; insbesondere bzgl. Flexibilität und dynamischer Anpassung der Strukturen an unterschiedliche Randbedingungen.

Als anschauliches Beispiel hierzu kann die menschliche Erkennungsfähigkeit vertrauter Gesichter herangezogen werden. Offensichtlich gibt es eine „problemangepaßte" Struktur (da in der außerordentlich kurzen Erkennungszeit keine tiefen Rekursionen möglich sind), die dieses Problem löst. Technische Systeme mit der gleichen Aufgabenstellung benutzen jedoch i. a. eine Vielzahl von Zwischenrepräsentationen des visuellen Eindruckes, um schließlich extrahierte „höhere" Features miteinander zu korrelieren. Die individuell gewählten Featureextraktionsprozesse sind in hohem Maße willkürlich, da sich auch hier die Vorstellungen des Konstrukteurs widerspiegeln und lassen sich nicht aus der eigentlichen Aufgabenstellung ableiten. Auch die im direkten Vergleich zum biologischen Vorbild bescheidenen Ergebnisse solcher technischer Systeme sprechen für eine Unangepaßtheit der Werkzeuge und Theorien.

Die Problematik des „on-line" und lebenslangen Lernens wird durch die heutige Technik ebenfalls nur in Ansätzen umgesetzt. Beschränkte Selbstorganisationsprozesse, wie sie technisch in kleinen Systemen gehandhabt werden können, überwinden die festgesetzten Schnittstellengrenzen i. a. nicht, d. h. es kommt nur zu einer lokalen Anpassung. Lernende Strukturen überwinden dieses Problem theoretisch, sind aber ebenfalls aufgrund i. a. nur begrenzt tolerierbarer Adaptationszeiten beschränkt. Schnelle, auf der globalen Struktur operierende Adaptationsverfahren, wie sie in der on-line Adaptation komplexer Systeme dringend gebraucht würden, fehlen vollständig.

Ein Verständnis von dynamischen Realweltinteraktionen, die in der belebten Natur oft spielerisch einfach erscheinen, bleibt daher aufgrund des heutigen Methoden- und Theoriendefizits ein offenes Problem.

3.3 Auswirkung auf Anwendungen der Informationstechnik

Die beschriebenen Defizite wirken sich drastisch in einer ständig steigenden Zahl von konkreten technischen Systemen aus. Zusicherungen zu Stabilität und Zuverlässigkeit der heute gebauten und in naher Zukunft geplanten technischen Systeme werden zu einem immer gewagteren Unterfangen. Informationstechnische Steuerungen von Großflugzeugen, Zügen, Chemieanlagen oder die immer komplexer werdende Interaktion zwischen den vielen Geräten in modernen Gebäuden, aber auch verteilte Luftüberwachungen, wie sie in den USA gerade angedacht werden, sind wenige, beispielhafte Anwendungen, in denen diese Kriterien kritisch sind oder es in naher Zukunft werden. Vereinfachende Heuristiken, wie z. B. die Abstimmung zwischen entkoppelten Rechnersystemen, treten heute immer noch an die Stelle von strukturellen und inhärenten Zusicherungen. Adaptationen solch komplexer Systeme unter realen Einsatzbedingungen sind sehr wünschenswert aber heute nicht handhabbar.

Bei Systemen, deren Anforderungen auf den ersten Blick einfach erscheinen, wie redundante Kinematik für Laufmaschinen in dynamischen, teilweise unbekannten Umgebungen oder zuverlässige Erkennung von Alltagssituationen durch Assistenzroboter oder Software-Agenten, können die auf den heutigen Entwurfsmethoden und Automatentheorien basierenden Techniken nur Teilantworten liefern.

Es stellt sich also die Frage, wie der Steigerung der Komplexität in den technischen Umwelten ein entsprechend starker theoretischer und methodischer Unterbau verschafft werden kann. Ein Weg, der in dieser Studie aufgezeigt wird, führt über ein strukturelles Verständnis der belebten Natur, welches nicht auf endlichen Automaten aufbaut, sondern die biologischen Erkenntnisse der letzten Jahrzehnte ernst nimmt und die vielfachen Hinweise aus der Biologie radikal in neue Strukturen technischer Systeme umsetzt.

Die hier aufgezeigten Defizite heutiger IT wurden von den befragten Experten immer wieder angesprochen und in verschiedenen Kontexten sowie aus unterschiedlichen Perspektiven beschrieben. Bereits mittelfristig wird eine Entwicklung gesehen, die die Von-Neumann-Rechnerarchitektur überwinden oder ergänzen wird. Die Handhabung von immer komplexer werdenden Systemen wird als wesentliche Herausforderung herausgestellt. Die Betonung von Korrektheit und Genauigkeit im Gegensatz zu den als ungleich wichtiger angesehenen Qualitäten wie Sicherheit, Benutzbarkeit und Stabilität wird als Irrweg betrachtet. Eingebettete Systeme werden häufig als größte Herausforderung im Sinne der Defizite heutiger Systeme, jedoch auch als vielversprechendes Anwendungsfeld genannt.

In diesem Zusammenhang wird immer wieder *das aktuelle Manko bezüglich der Autonomie- und Adaptivitätseigenschaften technischer Systeme* angemahnt. Ein kleinerer Teil der befragten Experten legte den Schwerpunkt auf die „klassischen" Defizite, wie zu geringe Speicherdichten und Rechengeschwindigkeiten oder zu hohe Produktionskosten, während die Mehrzahl nicht einfach nur schnellere, sondere prinzipiell andere Strukturen (im oben beschriebenen Sinne) präferierte. Bei den Problemfeldern, auf denen eine quantitative Steigerung gewünscht wurde, handelt es sich zumeist um rechenintensive Simulationen. Der aufgezeigte Weg zur reinen Geschwindigkeitssteigerung führt dabei zum überwiegenden Teil über die Elektronik selbst (d. h. VLSI-Design), wobei Biologieanalogien als wenig relevant angesehen wurden. Auch unter Betrachtung der Tatsache, daß die Technik der belebten Natur in Bezug auf Schaltgeschwindigkeit (in diesem Falle synaptische Verbindungen) bereits um viele Größenordnungen voraus ist, während wir gerade erst beginnen deren zugrundeliegende Strukturen zu verstehen, wird die in den Expertenbefragungen aufscheinende Tendenz leicht verständlich. Diese Studie legt daher den Schwerpunkt auf die Forschungsrichtungen, die eine neue Qualität anstreben.

Zusammenfassend lassen sich folgende problematische Eigenschaften herausstellen:

- Es gibt heute keine Strukturtheorie, die einen Weg vom Problem zum technischen System weisen könnte. Statt dessen wird die Komplexitätsreduktion durch eine heuristische Modularisierung erreicht. Die in der IT eingesetzten Evolutionsverfahren dienen heute weniger als Hilfe im Systementwurf denn als Optimierungsmethode mit vordefiniertem Ziel. Auch die in der Biologie zu beobachtenden strukturellen Wachstumsprozesse finden in ihrer Robustheit und Anpassungsfähigkeit in der IT kein Äquivalent.

- Die IT setzt in ihren Lösungsansätzen immer noch maßgeblich auf die Strukturen der Von-Neumann-Architektur (und ihrer Derivate), während die belebte Natur signifikant andere Wege geht.

- Die Annahme, daß sämtliche Probleme auf einer von der Physik der informationsverarbeitenden bzw. –erzeugenden Mechanismen abstrahierten Ebene gelöst werden können, bildet nach wie vor eine wesentliche Einschränkung der heutigen IT. Auch finden Informationserfassung, - weiterleitung und -verarbeitung in getrennten Einheiten statt. Die kontinuierliche und enge Einbindung lebender Systeme in ihre Umwelten zeigt auch hier völlig andere Richtungen auf.

Daraus resultieren die folgenden akuten Kerndefizite heutiger Informationstechnologie:

- Mangelnde Anpassung an den Menschen; die Kommunikation mit dem Menschen ist noch schwerfällig, und eine Anpassung findet immer mehr auf der Seite des Menschen als beim technischen System statt.

- Geringe Robustheit, Fehlertoleranz und autonome Rekonfigurierbarkeit der technischen Systeme.

- Beschränkte Anpassungsfähigkeit.

- Eingeschränkte Lernfähigkeit.

- Insellösungen wegen fehlender geeigneter Strukturtheorie.

- Die Komplexität bei Konstruktion und Wartung steht oft in sehr ungünstigem Verhältnis zur Leistungsfähigkeit (im Sinne von Anwendernutzen) der Systeme.

4 Erkenntnisse aus der bio-/humanwissenschaftlichen Grundlagenforschung

Um biologische Systeme im Hinblick auf die dort realisierten Mechanismen der Informationsverarbeitung und deren potentielle technische Anwendungen zu verstehen, kann man zwei zueinander komplementäre Vorgehensweisen anwenden. Zum einen kann man den klassischen Taxonomien der betreffenden wissenschaftlichen Disziplinen folgen, sich also eng am materiellen Substrat und an der Organisationsebene orientieren. Zum anderen kann man nach *universalen Prinzipien* der biologischen Informationsverarbeitung suchen, die gerade nicht an ein spezielles Substrat oder an eine bestimmte Organisationsebene gebunden sind.

4.1 Klassische Dimensionen der biologischen Informationsverarbeitung

Wenn man sich am Substrat orientiert, dann entspricht die Konstruktion bio-analoger Artefakte dem 'Nachbauen' eines konkreten biologischen Systems, wobei es durchaus möglich ist, daß die entsprechenden Artefakte dann in einem anderen Kontext eingesetzt werden. So kann man das Immunsystem als konkretes Vorbild verwenden. Daraus läßt sich dann beispielsweise ein vollautomatisches Software-System zur Abwehr von Computerviren ableiten, wie es von IBM entwickelt wird. Man kann aber auch ein zum Immunsystem analoges Kontrollsystem im Bereich der Robotersteuerung einsetzen (wie z. B. im japanischen Projekt 'Immunoid'). Es ist eines der Kennzeichen der biologischen Entwicklung, daß sie auf der Ebene der konkreten Systemrealisierungen eine nahezu unbegrenzte Vielfalt von Ansätzen hervorgebracht hat. Das Potential dieser Vielfalt für technische Anwendungen ist gegenwärtig erst zu einem Bruchteil untersucht. Wie schon das Beispiel des Immunsystems angedeutet hat, liegt dies nicht zuletzt daran, daß sich die Klasse der biologischen Systeme, die mögliche Vorbilder für technische Informationsverarbeitung sein können, gar nicht auf den Bereich der neuronalen Informationsverarbeitung, also Nerven, Gehirn, Sinnessysteme, etc., beschränken lassen. Vielmehr können beispielsweise auch Systeme, die sonst nur unter dem Aspekt des Stoffwechsels betrachtet wurden, wichtige Ideenlieferanten für technische Informationsverarbeitung sein, wie das Beispiel der 'computational liver' von R. Paton zeigt.

Aufgrund dieser enormen Vielfalt von Möglichkeiten, wie konkrete biologische Systeme zu Vorbildern für technische Informationsverarbeitung werden können, ist es weder sinnvoll noch möglich, hier eine abgeschlossene und vollständige Auflistung zu präsentieren. Die auf den nachfolgenden Seiten abgedruckte Tabelle hat daher primär zum Ziel, eine grobe Übersicht und darüber hinaus einen Eindruck der vielfältigen Möglichkeiten zu vermitteln, wie ein 'Know-How-Transfer' aus den unterschiedlichsten Bereichen der Bio- und Humanwissenschaften in technische Anwendungsbereiche realisiert werden kann.

Tabelle 4.1:   Bio-/humanwissenschaftliche Erkenntnisse und Anwendungen in der IT

Klassische biologische/humanwissenschaftliche Disziplinen			Relation zu technischen Anwendungen
Hauptgebiet	**Teilgebiet**	**Mechanismen**	
Molekular-biologie & Biochemie	Biochemie, Stoffwechsel-physiologie	Enzyme als Biokatalysatoren Aufnahme exogener und endo-gener Reize Stofftransport Ernährung Exkretion Atmung Photosynthese Molekulare Organisation zellulä-rer Informationsverarbeitung	Molecular Computation Biomolecular Memory (z. B. Bacteriorhodopsin) Nanotechnologie elementare Sensorik und Informationsverarbeitung Paralleles Rechnen mit bio-chemischen Reaktionen Molekulares Rechnen (bio-molecular computing)
	Immunologie	Unspezifische (angeborene) Resistenz Spezifische adaptive Immunität nach Antigenkontakt: - T-Lymphozyten (zellulär) - B-Lymphozyten (humoral) Antikörper, Makrophagen Immunologisches Gedächtnis - Memory-Zellen - aktive (vs. passive) Immuni-sierung Unterscheidung zwischen kör-per-eigen und körperfremd. 'idiotypic network hypothesis (Jerne) epitope-paratope-idiotope'	Immunoid-Roboter Behavior-Arbitration 'Computer Immunsystem' (Univ. New Mexico) Edelman: Darwin I-III NOMAD adaptive verteilte Architektu-ren Computersicherheit (IBM) Immun-Netzwerke Immunologische Musterer-kennung
	Endokrinologie	Signalübertragung und Modula-tion durch Hormone und Phero-mone Wachstumsfaktoren Hormonale Regulation, Ho-möostase neuro-endokrine Integration	Mehrebenen-Regelungssyste-me Modulation

Klassische biologische/humanwissenschaftliche Disziplinen			Relation zu technischen Anwendungen
Hauptgebiet	**Teilgebiet**	**Mechanismen**	
	Neurobioche-mie	Ionenkanäle Neurotransmitter Modulatoren Lernen durch LTP/LTD	Künstliche Neuronale Netze
Genetik	physiologische Genetik	genetischer Code (DNA, RNA) als Speicher Mutation Rekombination Replikation, Polymerase-Kettenreaktion Ligasen-Nucleasen Primär-, Sekundär,-...-Struktur genkodierte Selbstorganisation selektives Anschalten von Genen durch endo- und exogene Reize	DNA-Computing: - massiv parallel - 2×10^{19} Verkn./Joule (Bio) - 10^9 Verkn./Joule (Technik) DNA-Speicher: - ca. 10^{20} Bit/cm^3 (Bio) - ca. 10^8 Bit/Chip (Technik) Data Encryption Genetisches Programmieren Sensorik
	Gentechnik	Gel-Elektrophorese DNA-Synthese	DNA-Sequenzen für DNA-Computing (Adleman)
	klassische Genetik/ Vererbungs-lehre/	Phänotyp- Genotyp Mendelsche Gesetze Chromosomentheorie der Verer-bung extrachromosomale Vererbung Rekombination	
	Populationsge-netik	(siehe auch Evolution)	
Cytologie		Zelle als Grundbaustein aller Lebewesen Eucyten, Protocyten Cytoskelett, Cytoplasma Organellen mit spezifischen Funktionen Mikrotubuli	Baupläne für bioidentische Hardware Zytoskelett-Netzwerke MT(Mikrotubuli)-Automaten MT-MAP-Netzwerke
Physiologie	Sinnesphysio-logie	spezialisierte Sensoren zur Transduktion, - z. B. Chemo-, Osmo-, Photo-, Mechano- und Thermosensoren somato-viscerale Sensibilität Gesichtssinn und Okulomotorik Gleichgewicht	Sensorsystemtechnik mit enger Kopplung an die In-formationsverarbeitung (z. B. Rauschbefreiung oder Ortung von Signalen durch entsprechende rezeptive Fel-der)

Klassische biologische/humanwissenschaftliche Disziplinen			Relation zu technischen Anwendungen
Hauptgebiet	Teilgebiet	Mechanismen	
		Hören Geschmack und Geruch Durst und Hunger	Mustererkennung Computer Vision
	Neurophysio-logie	Nervenzelle Neuronenverbände Nervensystem (vgl. auch Neurobiochemie)	Künstliche Neuronale Netze Lernen Plastizität Neuron-Transistor
	Kreislauf und Atmung	Blut Herz Gefäßsystem Lungen-, Tracheen-, Kiemen- und Gewebsatmung	
	Energiestoff-wechsel	Energie- und Wärmehaushalt Arbeits- und Umweltphysiologie Ernährung Leber	Energieversorgung Computational Liver
	Bewegungs-physiologie	Muskel endogene vs. induzierte Bewegung Integration und Koordination von Bewegungsabläufen Lokomotionsformen	Entwicklung von neuen Fortbewegungs- und Objektmanipulations-mechanismen, Robotik Laufmaschinen
Entwicklungs-biologie	(Entwicklung eines Phänotypus bei unverändertem Genotypus)	Zellvermehrung & Zelldifferenzierung Wachstum Morphogenese Regeneration Pathologie - programmierter Zelltod biogenetische Grundregel (vgl. auch Evolution)	Embryonale Elektronik (embryonic electronics, embryonics),
Morphologie	funktionelle Morphologie vergleichende Morphologie	Biostatik Biomechanik von Verbindungen	mechanotechnische Konstruktionen, bioidentische Hardware Nanotechnologie

Klassische biologische/humanwissenschaftliche Disziplinen			Relation zu technischen Anwendungen
Hauptgebiet	**Teilgebiet**	**Mechanismen**	
Evolutions-& systematische Biologie	Infraspezifische Evolution	Mechanismen: - Überproduktion - Mutation - natürliche Selektion - Rekombination - reproduktive Isolation zeitliche(phyletische) und räumliche (geographische) Dimension Artbildung (Speziation) durch geographische Isolation	Evolutionäre Algorithmen (auch falsche Erklärungsansätze (z. B. Lamarck: Vererbung erworbener Eigenschaften) können als Inspirationsquelle für technische Ansätze dienen.) Optimierung mit Evolutionsstrategien FPGA-evolvable Hardware
	Transspezifische Evolution	Homologie von - Makromolekülen - physiologischen Prozessen - Verhaltensweisen - Morphologie Anagenese (Höherentwicklung) Anpassung - Analogie und Konvergenz	adaptive Strategien Evolutionäre Entwicklung zunehmend komplexer Architekturen
Ökologie	Autökologie Demökologie (Populationsökologie) Synökologie	biotische und abiotische Faktoren Populationsdynamik Fließgleichgewicht in einem offenen System Biozönose Ökosystem Stoff- und Energiekreisläufe ökologische Nische Wechselbeziehungen: - Konkurrenz - Symbiose - Parasitismus - Kommensalismus,Amensalismus, Neutralismus	'computational ecology'
Ethologie	Angeborenes Verhalten	Reflexe, Instinkte AAM Gleichgewichtshaltung und Raumorientierung Endogene Periodik	Navigationssysteme Aktivation und Deaktivation von Verhaltensweisen

Klassische biologische/humanwissenschaftliche Disziplinen			Relation zu technischen Anwendungen
Hauptgebiet	Teilgebiet	Mechanismen	
	Lernen	Habituation Prägung Motorisches Lernen klassisches und operantes Konditionieren	adaptive Systeme MM-Schnittstelle Robotik Lernalgorithmen
	Kommunikation und Sozialverhalten	Ritualisierung Drohung Revierverhalten Paarbildung Rangordnung Gruppen- und Staatenbildung Erkunden, Neugierde, Spielen	Robotergruppen Kommunikation in verteilten Systemen dezentrale Koordination Agentensysteme
Soziobiologie			Agententechnologie virtuelle Organisationen/ Unternehmen Roboterteamverhalten
Psychologie	Wahrnehmungspsychologie	aktive vs. passive Wahrnehmung Wahrnehmung als Hypothesenbildung Raum- und Zeitwahrnehmung Organisation von Wahrnehmungsinhalten zu Gestalten Multimodale Integration vgl. auch Physiologie/Sinnesorgane	Gesichter- und Objekterkennung MM-Schnittstelle Multisensor-Integration
	Lernpsychologie	(vgl. auch Ethologie) Zufallslernen, Akkumulationslernen, Konzeptlernen	adaptive Systeme Tutorial Systems
	Gedächtnispsychologie	sensorisches Gedächtnis, Kurz- und Langzeitgedächnis, prozedurales, episodisches und referentielles Gedächtnis, Retention	Speicherarchitekturen Datenbank Retrieval Data Mining
	Emotionspsychologie	Emotionsdimensionen	Informationsbewertungssysteme
	Kommunikationspsychologie	verbale und nonverbale Kommunikation; Gerichtete (bidirektionale) Informationsübertragung vom Sender zum Empfänger durch: Sprache, Schrift, Zeichen, Bild, Ausdruck, Handlung,...	Mensch-Maschine-Schnittstelle

Klassische biologische/humanwissenschaftliche Disziplinen			Relation zu technischen Anwendungen
Hauptgebiet	Teilgebiet	Mechanismen	
	Neuropsychologie	spezifische Ausfälle können Hinweise auf Informationsverarbeitungsprozesse im intakten Gehirn/Nervensystem liefern (z. B. Amnesien)	verschiedenartige Speichersysteme
	Aktivationspsychologie Persönlichk.-psychologie Entwicklungspsychologie Sozialpsych. Kulturpsychologie		Benutzerprofile
Kognitionswissenschaften	Aufmerksamkeit Wissensrepräsentation	selektive und verteilte Aufmerksamkeit mentale Bilder, Landkarten und Transformationen Dual-Coding Theory propositionale Netzwerke Hierarchien	Mensch/Maschine-Schnittstelle Datenbanken WWW Weltmodellierung Navigation maschinelles Lernen Planen Fuzzy Controller
	Schlußfolgerndes Denken Problemlösen		Deduktionssysteme Theorembeweiser wissensbasierte Systeme Diagnosesysteme Beratungssysteme Tutorial Systems Heuristische Algorithmen Hybride Systeme automatische Mustererkennung Case Based Reasoning
	Sprache	phonetische, lexikalische, syntaktische, semantische, kognitive, soziale und prosodische Kompetenz	Sprachverstehen automatische Sprachübersetzung
	Kreativität Kognitive Entwicklung		Lernalgorithmen

4.2 Funktionale Dimensionen der biologischen Informationsverarbeitung

Für die längerfristige Entwicklung ist aber nicht nur diese Vielfalt von möglichen Vorbildern entscheidend, sondern insbesondere die Frage, ob es universale Prinzipien der biologischen Informationsverarbeitung gibt, die dieser Vielfalt zugrundeliegen. Nur wenn wir diese Prinzipien erkennen, wird es uns längerfristig möglich sein, das in der Natur vorhandene Potential wirklich umfassend und effizient für die technologische Entwicklung nutzen zu können.

Erfreulicherweise scheint es in der Tat ein grundlegendes Merkmal biologischer Informationsverarbeitung zu sein, daß solche universalen Prinzipien existieren. Diese Prinzipien finden sich bei den unterschiedlichsten Spezies realisiert, sie treten auf allen Organisationsstufen auf - in hochkomplexen Organismen wie dem Menschen genauso wie in primitiven Einzellern - und sie lassen sich selbst bei Pflanzen beobachten, die ebenfalls mit Hilfe elementarer 'Sinnessyteme' auf Umweltparameter, Schädlinge oder Nachbarpflanzen reagieren können.

Eine geschlossene Theorie dieser universalen Prinzipien ist allerdings im Augenblick noch nicht verfügbar, weshalb wir uns in diesem Kapitel zunächst auf einen Ansatz zur Charakterisierung der wesentlichen funktionalen Eigenschaften konzentrieren werden. Konkrete Übertragungsmöglichkeiten auf technische Systeme werden dann anhand von ausgewählten Anwendungsbereichen in Kapitel 5 illustriert. Unter einem funktionalen Gesichtspunkt lassen sich fünf wesentliche Dimensionen biologischer Informationsverarbeitung unterscheiden:

(1) Im nachfolgenden Abschnitt (4.2.1) werden zuerst die grundlegenden Eigenschaften beschrieben, die die *Aufnahme* von Informationen aus der Umgebung in ein biologisches System oder Subsystem charakterisieren. Die Natur hat zu diesem Zweck auf allen Organisationsebenen eine Vielfalt von leistungsfähigen Rezeptor- und Sensor-Mechanismen entwickelt. Diese ermöglichen es Organismen und Organsystemen, aber auch einzelnen Zellen, bereits bei der Informationsaufnahme nur die für sie relevanten Signaleigenschaften auf hochselektive Weise aus ihrer jeweiligen Umgebung zu extrahieren. Dieses Prinzip der *selektiven Informationsextraktion* wird in den einfachen biologischen Systemen relativ direkt dazu genutzt, entsprechende Stoffwechselvorgänge oder 'motorische' Aktionen zu steuern. In den komplexeren Systemen wird es in einer Reihe von aufeinanderfolgenden neuronalen Verarbeitungsstufen dazu verwendet, eine reichhaltige interne Repräsentation der Außenwelt aufzubauen, die es dem System dann ermöglicht, die spezifischen Verhaltensweisen zu generieren, die sein Überleben und die Befriedigung seiner Bedürfnisse am besten absichern.

(2) Ein weiteres wesentliches Kennzeichen biologischer Systeme ist ihre *Adaptivität* (Abschnitt 4.2.2). Biologische Systeme sind auf vielfältige Weise an die Struktur

ihrer jeweiligen Umgebung angepaßt. Diese Anpassung reicht von extrem langfristigen Änderungen von Form und Funktion, wie sie im Laufe der evolutionären Entwicklung stattfinden, bis hin zu sehr kurzfristigen Änderungen des Übertragungsverhaltens von Sensorsystemen, z. B. als Resultat einer Änderung des durchschnittlichen Signalpegels in der aktuellen Umgebung.

Auch das *Lernen* kann als eine spezielle Form der Adaptation an Umgebungsbedingungen betrachtet werden. Adaptation ist weiterhin die Grundlage dafür, daß biologische Systeme auch bei sich ändernden Umgebungsbedingungen ihre Form und Funktion weitgehend aufrechterhalten können. Schließlich hat Adaptation ganz wesentlich mit dem 'Transport' von Information über die Zeit hinweg zu tun, und damit mit der Vielfalt von Gedächtnis- und Informationsspeicherungsmechanismen, die sich bei biologischen Systemen auf den unterschiedlichsten Ebenen und in den unterschiedlichsten Formen realisiert finden.

(3) Biologische Systeme sind dem Einfluß der Umgebung nicht lediglich auf passive Art ausgeliefert, sondern sie sind in aktiver und wechselwirkender Weise in diese Umgebung eingebettet und von den Grenzen und Möglichkeiten ihrer eigenen Körper bestimmt. Die daraus resultierenden biologischen Phänomene des sogenannten *Embodiment,* der *Situiertheit,* der *Autonomie* und schließlich der *Selbstorganisation und Emergenz* werden in Abschnitt 4.2.3 behandelt.

Ein wesentlicher Aspekt der Relation zwischen Organismus und Umwelt ist die Geschlossenheit des Prozesses im Sinne einer Rückkopplung, wie sie im Konzept des *sensomotorischen Bogens* zum Ausdruck kommt. Diese Einbindung in den sensomotorischen Bogen bedeutet auch, daß die Verarbeitung von Umgebungsinformationen in biologischen Systemen nicht als passive Abbildung verstanden werden kann, sondern als *aktive Wahrnehmung* gesehen werden muß.

Eine weitere grundlegende Eigenschaft, die das Verhältnis zwischen biologischen Systemen und ihrer Umgebung kennzeichnet, ist die *Autonomie.* Daß Organismen nicht einfach in deterministischer Weise von ihrer Umgebung bestimmt sind, sondern ihre *internen Zustände* einen entscheidenden Einfluß haben, zeigt sich im Phänomen der *Bewertung* sensorischer Informationen. Organismen weisen einen hohen Grad von Autonomie auf, weil ihre Handlungen nicht direkt von außen kontrolliert werden, sondern, zumindest unmittelbar, ausschließlich der Befriedigung interner Ziele dienen. Dies gilt auch, wenn diese Ziele von außen beeinflußbar sind. Entscheidend ist, daß die Handlungen nicht direkt von außen kontrolliert werden können. Damit ist Autonomie eine Eigenschaft, die nicht nur kompletten Organismen zukommt, sondern die wenn auch in deutlich reduzierter Weise ebenso bei deren Subsystemen anzutreffen ist. So werden beispielsweise die Stoffwechselprozesse in Organen eben nicht direkt von einer übergeordneten zentralen Instanz gesteuert. Diese versucht nur die Zielvorgabe zu beeinflussen; die tatsächliche Umsetzung wird dann aber vom Organ weitgehend autonom realisiert. In der Biologie kommt es häufig vor, daß gar kein explizites, extern modifizierbares Zielsignal vorliegt, sondern daß dieses nur implizit, durch die Art der Einbindung des (semi-)autonomen Subsystems in seine Umgebung und seine eigene interne Struktur vorgegeben ist. Derart gekoppelte semi-autonome Subsysteme können dann zu Eigenschaften des Gesamtsystems führen, die weder den Subsystemen als solchen zuzuschreiben sind, noch irgendwie in expliziter Weise auf einer darüberliegenden Kontrollebene realisiert sind. Dies entspricht einem Prozeß der *Selbstorganisation*, der zur *Emergenz* von Makro-Phänomenen einer höheren Stufe führen kann.

(4) Schließlich finden diese Koordinations- und Organisationsprozesse zwangsläufig in der Zeit statt (Abschnitt 4.2.4), so daß der *zeitlichen Organsiation biologischer Informationsverarbeitung und Handlungssteuerung,* wie sie unter anderem im Kontext *Aufmerksamkeit* und *Chronobiologie* untersucht wird, eine grundlegende Rolle zukommt. Bei der zeitlichen Organisation der Informationsverarbeitung sind zwei Aspekte zu unterscheiden. Dies ist zum einen die Möglichkeit, örtliche Komplexität gegen zeitliche Komplexität 'auszutauschen'. Viele Probleme der örtlichen Informationsverarbeitung, z. B. das visuelle Erkennen einer neuen Umgebung, sind so komplex, daß sie auch bei 'massiver Parallelität' nicht mittels einer rein örtlichen Verrechnung gelöst werden können. Das biologische System benutzt statt dessen einen Sensor von eingeschränkter Komplexität, wie z. B. die Retina des menschlichen Auges, die nur in dem kleinen Bereich der zentralen Fovea eine hohe örtliche Auflösung aufweist, und bewegt diesen mit Hilfe einer hocheffzienten Aufmerksamkeitssteuerung so, daß durch eine *zeitliche* Abfolge von Fixationen die wesentlichen Eigenschaften einer komplexen Umgebung extrahiert werden können.

Neben diesem Austausch von Ort nach Zeit bei der Informationsverarbeitung hat natürlich auch die Umgebung selbst und insbesondere auch die Informationsverarbeitung innerhalb des Systems eine komplexe zeitliche Struktur. Auch hier stellen biologische Systeme wieder eine breite Vielfalt von Mechanismen zur Verfügung. Diese reichen von den 'biologischen Uhren', die in verteilter Weise und auf unterschiedlichsten Komplexitätsebenen für die Koordination von Stoffwechselprozessen sorgen, über Mechanismen der Segmentierung der Wahrnehmung in hierarchischen Rastern (30 msec. Ordnungsschwelle, 3 sec.-Einheiten für die zeitliche Gruppierung) bis hin zur Synchronisation einzelner Spikes bei der neuronalen Verarbeitung.

(5) Die meisten der soweit angesprochenen Eigenschaften sind vielen biologischen Systemen gemeinsam, lassen sich also, überspitzt ausgedrückt, sowohl bei der Stubenfliege als auch beim Menschen antreffen. Zweifellos stellen sie damit auch eine wesentliche Grundlage der spezifisch menschlichen Eigenschaften der biologischen Informationsverarbeitung dar. Genauso unbezweifelbar erscheint es aber, daß diese spezifisch menschlichen Informationsverarbeitungseigenschaften eine Dimension eigener Qualität darstellen, die über die Fähigkeiten einer Stubenfliege weit hinausgeht. Diese 'höheren' oder 'kognitiven' Fähigkeiten, die sich vielleicht am besten

durch den Unterschied zwischen Information und Wissen charakterisieren lassen, werden deshalb in einem getrennten Abschnitt (4.2.5) behandelt.

4.2.1 Aufnahme und Verarbeitung von Signalen und Informationen

Alle Lebewesen müssen, um überlebensfähig zu sein, schnell und effizient auf sich ändernde Umgebungsbedingungen reagieren können. Dazu ist es notwendig, daß jeder Organismus über geeignete und leistungsfähige Mechanismen verfügt, mit denen er *gezielt* Informationen aus seiner direkten Umgebung aufnehmen kann. Im Verlauf der Evolution haben sich hierfür eine Vielzahl von leistungsfähigen und robusten Sensoren und Sinnessystemen gebildet, die es biologischen Systemen ermöglichen, Signale aus der natürlichen Umwelt zu extrahieren und an übergeordnete Zentren oder direkt an entsprechende Effektoren weiterzuleiten. Wesentlich ist hierbei, daß (1) die an der Informationsaufnahme beteiligten Prozesse auf den unterschiedlichsten Granularitätsebenen zu finden sind, (2) die grundlegenden Prinzipien sich auf den verschiedenen Organisationsebenen (zumindest teilweise) wiederholen und (3) für die vollständige Funktionalität - insbesondere bei den höheren Lebewesen - die Integration über alle Ebenen hinweg eine fundamentale Rolle spielt. Insbesondere in diesem letzten Punkt, also der Beziehung zwischen den verschiedenen Ebenen, besteht derzeit ein viel zu geringes Verständnis, obwohl leistungsfähige Wahrnehmungssysteme nur durch das *integrative Zusammenwirken* aller beteiligten Strukturen und Prozesse möglich sind. Erst durch dieses gezielte Zusammenspiel der einzelnen Komponenten kann der Organismus komplexe Umgebungsbedingungen (z. B. bedrohliche Situationen oder spezifische Objekte zur Befriedigung von Bedürfnissen) erfassen, ohne gleichzeitig in einer Flut von Informationen aus der natürlichen Umwelt zu ertrinken (gezielte Extraktion von Invarianten).

Es ist unmöglich, in diesem Rahmen eine vollständige Übersicht der vielfältigen Methoden zu geben, die die Natur zur Aufnahme von Signalen aus der Umwelt erfunden hat. Daher werden hier nur prototypische Beispiele angeführt, die die hohe Leistungsfähigkeit und Spezifität biologischer Sensoren und Sinnessysteme illustrieren sollen.

Ein wichtiges Merkmal der biologischen Signalaufnahme ist die hohe Empfindlichkeit und relativ große *Selektivität* bereits auf der molekularen Rezeptorebene. So reagieren bereits Einzeller auf eine immense Anzahl (>>100) von exogenen und endogenen Reizen (z. B. verschiedene Ionen, Signalstoffe, Zellgifte, artspezifische Hormone, Gamone und Pheromone, Licht, Sauerstoff, Osmolarität und Turgor, Turbulenzen, Hitze und Kälte, Hunger), die sie mit Hilfe einer großen Anzahl *spezialisierter Sensoren* (z. B. 50-70 bei Escherichia coli) registrieren. Die aufgenommenen Signale werden dann verrechnet, integriert und über Signaltransduktionswege weitergeleitet. Hierbei spielen biochemische Veränderungen von Proteinen,

Protein-Protein-Wechselwirkungen und die erleichterte Diffusion über Membranen hinweg eine entscheidende Rolle. Die zellulären Signalübertragungssysteme sind dabei sowohl *parallel* als auch *hierarchisch* angeordnet und erfordern oft eine Kommunikation zwischen Hunderten von Proteinen. Interessant ist hierbei, daß es bereits auf der Zellebene viele qualitativ verschiedene Verarbeitungsströme gibt, die jedoch keineswegs getrennt voneinander sind, sondern gezielt miteinander wechselwirken (Multisensorik, Informations*vektor*). Auch das selektive Anschalten von Genen kann man als einen Prozeß der Informationsaufnahme interpretieren, bei dem in Abhängigkeit von extra- und intrazellulären Reizen (Temperatur, Licht, chemisches Milieu, Tageszeit, etc.) nur bestimmte Gene exprimiert werden. Diese selektive Aufnahme von Informationen beeinflußt in entscheidendem Maße das zukünftige Systemverhalten.

Die Selektivität und Differenzierungsleistung, aber auch die Fähigkeit, Signale in einer verrauschten Umgebung detektieren zu können, wird in erheblichem Maße dadurch gesteigert, daß sich die einzelnen Rezeptoren bei den höheren Lebewesen in *Sinnesorganen* zusammenschließen. Hierbei werden entweder durch viele verschiedenartige Sinneszellen (z. B. 1.000 hochdifferenzierte Arten von Riechzellen im olfaktorischen System) oder durch eine Vielzahl gleichartiger Rezeptoren mit einer definierten topographischen Anordnung (z. B. Stäbchen oder Zapfen im visuellen System) Signale aus der Umwelt durch einen speziellen Transduktionsprozeß in eine interne elektrochemische Erregung umgewandelt. Diese gelangt dann über afferente Nervenfasern zu übergeordneten sensorischen Verarbeitungszentren, die der Extraktion unterschiedlicher Empfindungen und Wahrnehmungsqualitäten dienen.

Da die Signale aus der Umwelt, die in den Sinnesorganen durch gleichartige Rezeptoren aufgenommen werden, eine beträchtliche *Redundanz* aufweisen, werden durch neuronale Verarbeitungsmechanismen nur diejenigen Eigenschaften extrahiert, die zur Beschreibung einer gegebenen Umgebungssituation unbedingt notwendig sind (Redundanzreduktion). Grundlegende Prinzipien der neuronalen Informationsverarbeitung sind dabei Kontrastverschärfung durch ausgeprägte wechselseitige Hemmung (laterale Inhibition), starke Konvergenz und Divergenz der Verarbeitungsströme, räumliche und zeitliche Summation, sowie negative Rückkopplung.

Phänomenologisch äußert sich diese Informationsverarbeitung in einer zunehmenden Selektivität gegenüber bestimmten *Signalkonfigurationen*. So gibt es beispielsweise in den höheren Arealen des visuellen Systems Neurone mit äußerst komplexen rezeptiven Feldern, die nur auf spezifische Merkmalskombinationen oder bestimmte Objekte antworten. Auch werden unterschiedliche Qualitäten des Eingangssignals (z. B. Farbe, Form, Bewegung im visuellen System) voneinander getrennt in verschiedenen Hirnarealen verarbeitet.

Neben dem Nervensystem stellt das endokrine System ein wichtiges Mittel für die Kommunikation und die Integration von Informationen innerhalb eines Individuums dar. So werden speziell für die langsame, chronische Signalübertragung über weite Strecken Hormone eingesetzt, die ihren Zielort mit Hilfe des Kreislaufsystems erreichen und häufig eine modulierende Funktion ausüben. Das endokrine System hat sich gemeinsam mit dem Nervensystem entwickelt, und beide sind in funktionaler Hinsicht eng miteinander verknüpft. Die wesentliche Schnittstelle zwischen dem endokrinen und dem neuronalen System bildet bei den Wirbeltieren der Hypothalamus und die Hypophyse, in denen neuronale Reize in hormonelle Signale umgewandelt werden. Zur Kommunikation innerhalb von Vielzellern über Hormone, Neurotransmitter und Ionenströme werden dabei häufig die gleichen Mechanismen und Sensoren benutzt, die auch die Einzeller zur Erkundung ihrer Umwelt und zur interzellulären Kommunikation innerhalb ihrer Populationen benutzen.

Nur die aufeinander abgestimmte Integration aller Komponenten, die am Prozeß der Informationsaufnahme beteiligt sind, ermöglicht die Wahrnehmung in alltäglichen Situationen, die uns Menschen so selbstverständlich erscheint, für technische Systeme jedoch ein scheinbar unüberwindbares Hindernis darstellt.

4.2.2 Mechanismen der strukturellen und funktionalen Anpassung

Biologische Systeme zeichnen sich - im Gegensatz zu vielen technischen Artefakten - insbesondere dadurch aus, daß sie sich sowohl im Hinblick auf ihre physikalische Form (Morphologie) als auch im Hinblick auf ihre Funktions- und Verhaltensweisen an die spezifischen Umgebungsbedingungen anpassen können. Eine derartige Adaptation ist jedoch nur möglich, wenn die Strukturen in der Umwelt (zumindest teilweise) voraussagbar, d. h. redundant sind. Zweck einer Anpassung ist immer die effiziente Ausnutzung vorhandener Umweltressourcen.

In der Biologie wird das Problem der Anpassung auf drei Weisen gelöst: (1) in der *Phylogenese* über die Mutation und Selektion von Genen, (2) in der *Ontogenese* über die zelluläre Regulation von Genexpression und Wachstum und (3) in den Individuen über die verschiedenen Formen des Lernens (*Epigenese*).

Das *evolutionäre Prinzip* ist für die Biologie primär und erstreckt sich über alle Ebenen. Es gilt nicht nur für die Entstehung von neuen Arten, sondern auch für die Entwicklung des Immungedächtnisses, für die Auswahl von kooperativen Neuronenverbänden und u. U. auch zumindest teilweise für die Entwicklung von Kulturen. Das zugrundeliegende Prinzip besteht dabei darin, eine sehr große Anzahl von Varianten zu erzeugen und hieraus solche mit hohem Passungscharakter auszuwählen und zu vermehren. Die Selektion erfolgt dabei immer auf der Ebene des Individuums bzw. des gesamten Ensembles. Für den Erfolg einer derartigen Strategie ist es wesentlich, daß die Umwelteigenschaften über einen längeren Zeitraum voraussagbar und somit relativ konstant bleiben. Die Anpassung erfolgt in der Regel an partikuläre Umwelteigenschaften (Nischen) und für die Bildung neuer Arten ist die räumliche Segregation eine notwendige Voraussetzung.

Eine individuelle Anpassung an die spezifischen Umgebungsbedingungen erfolgt durch das *Lernen.* Hierdurch wird es dem Organismus ermöglicht, aufgrund früherer individueller Erfahrung in neuen Situationen angemessen reagieren zu können. Das Lernen ist dabei keineswegs ein einheitliches Phänomen; es kann vielmehr in unterschiedlichen Formen auftreten und auf verschiedenartigen Mechanismen beruhen. So gibt es neben einer Anpassung durch Vermehrung und Rückkopplung (z. B. im Immunsystem), mehrere hochspezialisierte neuronale Systeme und Mechanismen, die für die unterschiedlichen Lernformen im Nervensystem verantwortlich sind. Prinzipiell läßt sich das Lernen dahingehend unterscheiden, ob es nicht-assoziativ, also als bloße Verstärkung bzw. Abschwächung eines Vorgangs, erfolgt (sensorische Adaptation, Habituation) oder assoziativ als Verknüpfung zwischen unterschiedlichen Ereignissen (z. B. Konditionierung). Im letzteren Fall besitzt das Lernen immer auch einen prädiktiven Charakter und kann sich entweder lokal auf die Wahrscheinlichkeit der Verknüpfung von Ereignissen beziehen (klassische Konditionierung) oder aber auf die wahrscheinliche Folge eigener Handlungen (operante Konditionierung). Damit lassen sich Beziehungen in der Umwelt relational abbilden oder Handlungen in Bezug auf die Umwelteigenschaften optimieren. Das Lernen ist dabei keineswegs unabhängig vom Zeitpunkt der Informationsaufnahme und vom Entwicklungsstand des Individuums. Beispielsweise stellt die Prägung eine irreversible und sehr effiziente Form des Lernens dar, die auf eine zeitlich eng umgrenzte, sensible Phase beschränkt ist. Auch andere Faktoren, die endogener (z. B. Motivation, innere Uhr) oder exogener (störende Interferenzen, z. B. Lärm) Natur sein können, beeinflussen den Lernerfolg.

Um es dem Organismus zu ermöglichen, frühere Erfahrungen für ein adäquates Verhalten zu einem späteren Zeitpunkt nutzbar zu machen, ist es notwendig, daß Informationen über die Zeit hinweg transportiert werden. Hierzu haben sich in der Biologie eine Vielzahl von *Gedächtnis- bzw. Speichersystemen* entwickelt, an denen unterschiedliche Granularitätsebenen beteiligt und die auf sehr verschiedenartige Weisen realisiert sind. Ein äußerst robustes Gedächtnis mit langer Zeitkonstante bildet der genetische Code (DNA, RNA), bei dem die Informationen in einer charakteristischen Sequenz von Nukleotiden gespeichert sind. Spezielle Reparaturmechanismen sorgen dafür, daß die genetische Information stabilisiert und begrenzte Schäden rückgängig gemacht werden. Ein anderes System zur Speicherung von Informationen ist das Immungedächtnis, bei dem nach erstmaligem Antigenkontakt langlebige, funktionell inaktive Lymphozyten gebildet werden (Memory-Cells), die bei wiederholtem Antigenkontakt eine schnelle Immunantwort auslösen. Dieser Mechanismus bildet auch die Grundlage für die aktive Immunisierung und wird - in metaphorischer Weise - für die Entwicklung von Programmen zur Abwehr von Computer-Viren verwendet. Am weitesten entwickelt sind die verschiedenen Formen des neuronalen Gedächtnisses. So gibt es beim Menschen zumindest vier qualitativ verschiedene Gedächtnisformen (Priming, prozedurales, referentielles und episodisches Gedächtnis). Auch bezüglich der zeitlichen Organisation kann man unterscheiden zwischen sensorischem bzw. Ultrakurzzeitgedächtnis, Arbeits- bzw. Kurzzeitgedächtnis und Langzeitgedächtnis. Für die verschiedenen Gedächtnisformen sind dabei unterschiedliche Hirnregionen (z. B. Kleinhirn, linke vs. rechte Hirnhälfte, etc.) und unterschiedliche neuronale Schaltkreise (z. B. Papezscher vs. basolateral limbischer Schaltkreis) von Bedeutung. Auch muß man grundsätzlich zwischen Enkodierung, Konsolidierung und Abruf von Gedächtnisinhalten unterscheiden, die wiederum an die Integrität verschiedener Hirnstrukturen gebunden sind. Im Unterschied zu technischen Systemen ist die biologische *Informationsspeicherung* somit immer *verteilt*, und das nicht nur in Bezug auf die Lokalisierung, sondern auch im Hinblick auf eine Reihe weiterer Dimensionen. Diese verteilte Organisation ist die Grundlage für die erstaunliche Robustheit und Rekonfigurierbarkeit, die diese Systeme auszeichnet.

Zusammenfassend kann man damit sagen, daß biologische Systeme eine Vielzahl von unterschiedlichen Mechanismen entwickelt haben, um sich an spezifische Umgebungsbedingungen anpassen zu können. Darüberhinaus sind die am Anpassungsprozeß beteiligten Komponenten so aufeinander abgestimmt, daß sie ein gemeinsames Wirkungsgefüge bilden. Erst hierdurch lassen sich die vielfältigen Anforderungen bewältigen, die zum Überleben in einer äußerst komplexen, aber keineswegs vom Zufall determinierten Umwelt notwendig sind. Im Gegensatz zu den derzeitigen technischen Artefakten werden diese grundlegenden Anforderungen für den Umgang mit alltäglichen Situationen von biologischen Systemen 'spielend' gemeistert.

4.2.3 Embodiment, Situiertheit, sensomotorische Rückkopplung und Emergenz

Die durch die Sinnesorgane aufgenommene und gegebenenfalls bearbeitete *Information wird immer auch bewertet* hinsichtlich ihrer Nützlichkeit für den Organismus zu einem bestimmten Zeitpunkt. Wie jedoch derartige Bewertungsprozesse in biologischen Systemen genau ablaufen, ist derzeit in vielen Fällen noch ungeklärt. Sicherlich ist eine Informationsbewertung neben dem sensorischen Input auch stark abhängig vom inneren Antrieb, also von der *Motivation* des Subjekts. Aus physiologischer Sicht spielt hierbei subkortikal das limbische System eine wesentliche Rolle, auf kortikaler Ebene scheinen die beteiligten Prozesse je nach ihrer Qualität unterschiedlich lateralisiert zu sein. Entwicklungsgeschichtlich betrachtet ermöglichte die Bewertung der aufgenommenen Informationen eine Entkopplung von Reiz und Reaktion. Sie nimmt damit -auch in funktionaler Hinsicht - eine Mittelstellung zwischen den 'archaischen' Reflexen und Instinkthandlungen auf der einen Seite und den höheren kognitiven Leistungen auf der anderen Seite ein. Inzwischen gehen auch einige neuere Ansätze in der kognitiven Robotik davon aus, daß intelligente Roboter über Motivation auf der Basis von erstrebenswerten Zielen und Emotionen verfügen müssen.

Die transduzierte, bearbeitete und bewertete Information wird für die Steuerung der Effektoren genutzt, so daß Bewegungen initiiert und ausgeführt, oder die inneren Organe reguliert werden können. Die hieran beteiligten Prozesse lassen sich jedoch nicht isoliert von den spezifischen Eigenschaften der natürlichen Umwelt (*Situiertheit*) und den körperlichen Randbedingungen (*Embodiment*) betrachten. Vielmehr sind alle beteiligten Subsysteme in einen *geschlossenen sensomotorischen Bogen* eingebunden. Die Informationsaufnahme durch den Organismus erfolgt dabei aktiv und kann nicht vom Verhalten getrennt werden (*aktive Wahrnehmung*). Voraussetzung hierfür ist ein Mindestniveau an Aktivation. Diese läßt sich im technischen Sinne als „Stromversorgung" auffassen, ohne die inhaltstragende Funktionen nicht bereitgestellt werden können. So müssen bereits Einzeller sich bewegen, um Änderungen in ihrer direkten Umgebung besser registrieren zu können. Ein ständiger aktiver Umgang mit der Welt bildet auch - insbesondere bei den höheren Lebewesen - die Grundvoraussetzung für intelligentes Handeln. So führt eine Reduktion der Aktivation, wie man sie beispielsweise bei manchen psychiatrischen Erkrankungen beobachten kann, unter anderem zu einer Abnahme der Lernfähigkeit und Behaltensleistung.

Viele neuere Forschungsansätze in der Robotik gehen ebenfalls davon aus, daß sich 'geistige' Eigenschaften nicht isoliert von Morphologie, Verhaltensrepertoire und aktivem Umgang mit der physikalischen Umwelt untersuchen lassen. Die grundlegenden Prinzipien der Informationsverarbeitung im sensomotorischen Bogen gelten dabei für alle Lebewesen, wenn auch die Details der Implementierung voneinander abweichen. Die beteiligten Prozesse werden häufig durch relativ einfache sensomotorische Rückkopplungsschleifen, die hierarchisch angeordnet sind, realisiert.

Einen speziellen Aspekt der Umwelt stellen andere Individuen dar, die entweder von gleicher oder von unterschiedlicher Art sein können. Insbesondere zum intraspezifischen (innerartlichen) Informationsaustausch, wie er beispielsweise in der Ethologie untersucht wird, haben sich teilweise sehr spezielle Kommunikationsformen entwickelt, die entweder angeboren sind (z. B. Bienentanz) oder durch die Wechselwirkung zwischen genetischem Kode und individueller Erfahrung realisiert werden (z. B. menschliche Sprache). Die Existenz von leistungsfähigen *Kommunikationssystemen* bildet die Voraussetzung für sozial aufeinander abgestimmtes und koordiniertes Verhalten, wie zum Beispiel die Arbeitsteilung in vielen Insektenstaaten. Hier entstehen durch den Kommunikationsprozeß zwischen vielen Einzeltieren in der Sozietät Eigenschaften eines problemlösenden Systems, das die kognitiven Fähigkeiten der einzelnen Individuen weit übersteigt. Dies ist ein Beispiel dafür, daß durch das Zusammenwirken von vielen Teilsystemen eine neue Eigenschaft auf einer höheren Ebene entstehen kann, die den Teilsystemen nicht zukommt (*Emergenz*).

Aber auch für die Kommunikation innerhalb eines einzelnen Individuums - z. B. zwischen oder in den Organen, in Geweben oder in einzelnen Zellen - scheint es spezielle Mechanismen des bidirektionalen Informationsaustausches zu geben. Dieser ist eine Voraussetzung für die Bildung von geordneten Organisationsstrukturen, wie man sie beispielsweise bei der Zelldifferenzierung in der Embryonalentwicklung beobachten kann. Bezüglich der Entstehung von Ordnung, Struktur und Form besteht derzeit jedoch ein großes Wissensdefizit. So ist es, um ein Beispiel aus der Molekularbiologie zu nennen, weitgehend ungeklärt, nach welchen Grundregeln aus der linearen Anordnung von Aminosäuren durch einen *Prozeß der Selbstorganisation* Proteine mit ihren hochkomplexen Strukturen und Funktionen entstehen. Die Bildung von immer komplexeren Formen und höheren Organisationsstufen scheint - auf den ersten Blick - auch dem zweiten Hauptsatz der Thermodynamik zu widersprechen, nach dem die (globale!) Entropie in einem geschlossenen System ständig zunimmt. Der Präsident der Deutschen Forschungsgemeinschaft, Professor Winnacker, forderte daher in seinem Einführungsvortrag zur BMBF-Fachtagung 'Von der Natur lernen- Information in der Natur und Technik': „Wir brauchen offensichtlich einen neuen, *dritten Hauptsatz der Thermodynamik* für selbstorganisierende Systeme, einen Hauptsatz der diejenigen Fälle beschreibt, die sich nicht immer nur abkühlen, randomisieren und ihre Form verlieren, im Gegenteil, die sich selbst organisieren, ja sogar zu höherer Komplexität evolvieren können."

4.2.4 Aufmerksamkeit und zeitliche Organisation

Die Dimension der Zeit tritt in der biologischen Infromationsverarbeitung in zwei unterschiedlichen, wenn auch nicht immer einfach trennbaren Aspekten zutage; in der zeitlichen Strukturierung der Informationsverarbeitung und in der Verarbeitung zeitlich strukturierter Informationen. Ein Beispiel für den ersten Aspekt finden wir bei der Wahrnehmung eines statischen Objekts. Hier hat die Eingangsinformation keine inhärente temporale Struktur, aber der Prozeß der Erkennung basiert dennoch auf komplexen zeitlichen Abfolgen von neuronalen Aktivitätsmustern in verschiedenen kortikalen Arealen, die zum Teil parallel, zum Teil hierarchisch, und zusätzlich mittels Rückkopplungen untereinander verschaltet sind. Ein Beispiel für den zweiten Aspekt ist die Wahrnehmung einer Bewegung. Hier ist das Eingangssignal selbst zeitlich strukturiert, aber der wesentliche Aspekt der neuronalen Verarbeitung ist die Kodierung im Ort. Bewegungselektive Neurone in der Area MT sind auf unterschiedliche Geschwindigkeiten spezialisiert. Eine schnelle Bewegung aktiviert somit Neurone an einem anderen kortikalen Ort als eine langsame Bewegung.

Es ist wichtig, sich dieser beiden Aspekte bewußt zu sein, denn es ist gerade ein Kennzeichen biologischer Informationsverarbeitung, sie mit einer Effizienz und

Flexibilität handhaben zu können, die sich grundsätzlich von den mit klassischen technischen Verfahren erreichbaren Leistungen unterscheidet.

Es ist ein Irrtum zu glauben, daß biologische Systeme den technischen Systemen deshalb überlegen sind, weil sie per se über eine höhere Rechenleistung oder Speicherkapazität verfügen. Selbst im Vergleich mit dem komplexen System Mensch werden die entsprechenden Werte von technischen Systemen bereits in naher Zukunft überschritten werden. Der Schlüssel für die Leistungsfähigkeit biologischer Systeme liegt vielmehr darin, wie sie mit ihren limitierten Informationsverarbeitungsressourcen umgehen. Eine wesentliche Grundlage ist dabei ihre Fähigkeit zur effizienten und flexiblen Nutzung von spatialen und temporalen Ressourcen der Informationsverarbeitung.

Grob gesagt lassen sich dabei zwei komplementäre Dimensionen der biologischen Informationsverarbeitung unterscheiden, eine Dimension, die mit den Begriffen 'schnell', 'parallel', 'festverdrahtet', 'subsymbolisch', 'unbewußt' assoziiert werden kann, und eine komplementäre Dimension, der eher die Begriffe 'langsam', 'seriell', 'frei programmierbar', 'symbolisch' und 'bewußt' zugeschrieben werden können[25]. Eine entsprechende Komplementarität von paralleler und serieller Informationsverarbeitung liegt im Prinzip auch bei technischen Systemen vor. Eine gleichzeitige Realisierung beider Profile innerhalb einer homogenen Systemarchitektur ist allerdings vermutlich aus prinzipiellen Gründen unmöglich.

Biologische Systeme zeichnen sich dadurch aus, daß sie mittels hybrider Architekturen trotz einer vorhandenen grundsätzlichen Ressourcenlimitierung in geschickter Weise beide Dimensionen nutzen können. Besonders deutlich zeigt sich diese Effizienz im Umgang mit begrenzten Ressourcen im zeitlichen Verlauf des menschlichen Lernens und bei dem Phänomen der *Aufmerksamkeit*.

Im Prozeß des Lernens ist es möglich, Leistungen, die zunächst auf einer seriell-kognitiven Ebene etabliert werden mußten, sukzessiv auf eine unbewußte subsymbolische Ebene zu transferieren, auf der die entsprechende Verarbeitung dann weitgehend autonom und abgekoppelt von den höheren Mechanismen erfolgen kann. Ein alltägliches Beispiel dafür ist das Autofahren, das beim Anfänger volle Konzentration erfordert, während dieselbe Leistung von einem erfahrenen Fahrer problemlos nebenbei erbracht werden kann, während er mit seinem Beifahrer über ein kompliziertes Thema diskutiert.

Grundsätzlich kann auf den zentralen Stufen der Informationsverarbeitung nur ein Bruchteil der Datenrate des gesamten von der Umgebung bereitgestellten Informa-

---

[25] Natürlich sind Aspekte wie symbolische Repräsentation und Bewußtsein jenseits der menschlichen Informationsverarbeitung, also bei Tieren, nur in einer von der Entwicklungsstufe abhängigen rudimentären Form anzutreffen.

tionsangebots verarbeitet werden. Schätzungen beim Menschen liegen lediglich in der Größenordnung von einigen Bits pro Sekunde. Daß wir dennoch die technisch bislang unerreichten Informationsverarbeitungsleistungen erbringen können, liegt an zwei Umständen. Zum einen werden viele Operationen, die sich auf die Ausnutzung der elementaren temporalen und spatialen Regularitäten der Umgebung beziehen, in den festverdrahteten, parallelverarbeitenden Subsystemen der frühen sensorischen Verarbeitungsstufen durchgeführt. Die gesamte kombinatorische Vielfalt läßt sich aber, im Sinne der oben angeführten prinzipiellen Komplementarität, nicht mit einer festverdrahteten Parallelverarbeitungsarchitektur abdecken, denn dazu reicht selbst die große Zahl von biologischen Verarbeitungs- und Speicherelementen nicht aus.

Die biologische Informationsverarbeitung nutzt nun ganz gezielt die Dimension der Zeit für die Lösung der kombinatorischen Problematik. Ein Teil der Problematik wird dabei über die oben angeführten Lernvorgänge abgefangen. Es gibt eine Reihe von Informationsverarbeitungsleistungen, die zwar für den speziellen Umgebungskontext eines Individuums wichtig sind und für die deshalb eine schnelle festverdrahtete Lösung wünschenswert ist, die aber nicht für die gesamte Spezies von so vorhersagbarer Relevanz sind, daß eine genetische Vorprogrammierung sinnvoll wäre[26]. Diese Fähigkeiten werden dann im Laufe der zeitlichen Entwicklung des Individuums durch Lernen erworben und in eine festverdrahtete Form überführt.

Selbst dies reicht aber nicht aus, um damit die gesamte kombinatorische Problematik abzudecken. Es muß also auf eine flexible 'frei programmierbare' Komponente zurückgegriffen werden, die aber notwendigerweise nur eine deutlich kleinere Verarbeitungsgeschwindigkeit haben kann, als die festverdrahteten Operationen. Die Leistungsfähigkeit biologischer Systeme basiert darauf, daß dieser Komponente durch einen hocheffizienten *Selektionsprozeß* nur eine zeitliche Folge von wenigen *'relevanten'* Teilen des gesamten Informationsangebots zugeführt wird. Dieser Selektionsprozeß ist bislang nur zum Teil verstanden. Da aber biologische Systeme, wie oben angeführt, nicht per se höhere Datenverarbeitungsleistungen als technische Systeme aufweisen, stellt dieser Selektionsprozeß eine wesentliche Grundlage für ihre deutlich höhere Systemleistung dar.

Die selektive Aufmerksamkeit ist dabei keineswegs nur im Sinne einer motorischen Orientierung auf bestimmte örtliche Teilbereiche der Umgebung zu sehen. Vielmehr gelingt es auch, wie z. B. beim sog. 'Cocktail-Party Effekt', aus einer komplexen Mischung von Signalen nur eine bedeutungsmäßig zusammenhängende Teilmenge für eine eingehendere Verarbeitung zu segregieren. Darüberhinaus gehen in die Aufmerksamkeitssteuerung sowohl 'bottom-up'- als auch 'top-down'-

---

26 Auch vorhersagbar notwendige Verarbeitungsleistungen lassen sich nicht vollständig im strukturellen Detail genetisch kodieren. Auch hier sind Lernvorgänge im Laufe der Entwicklung notwendig.

Komponenten ein. Die Auswahl der im nächsten Zeitschritt zu bearbeitenden Teil-information wird einerseits endogen, also durch den internen Zustand, bestimmt, hängt andererseits aber auch von exogenen Eigenschaften wie der Struktur der sensorischen Eingangssignale ab. So führen beispielsweise Abweichungen von einer regelmäßigen Struktur (in Bezug auf die Zeit sind das beispielsweise neu auftauchende Objekte, im Ort das sog. "pop-out" Phänomen) häufig zu einer Aufmerksamkeitszuwendung. Die dafür verantwortliche verteilte Aufmerksamkeit bewirkt, daß für einen definierten Bereich der sensorischen Oberfläche eine relativ gleiche Wahrscheinlichkeit für die Erfassung nichtantizipierter Information, die besonders wirkungsvoll aufgenommen wird, resultiert. Unterschiedliche neuronale Prozesse repräsentieren dabei verschiedene Aufmerksamkeitssysteme wie z. B. die selektive und die verteilte Aufmerksamkeit. Sensorische Prozesse in allen Modalitäten werden moduliert auf der Grundlage individualtypischer Selektionsprozesse. Die sensorischen Systeme nehmen darüberhinaus nach neuestem Erkenntnisstand Information nicht mit gleicher Wertigkeit kontinuierlich auf, sondern es findet ein zyklisches Updating der jeweils gegebenen sensorischen Repräsentation statt. Die selektiven Aufmerksamkeitsprozesse sind also zeitlich strukturiert.

Aufgrund der physikalischen und biophysikalischen Bedingungen der sensorischen Verarbeitung und der räumlich verteilten Repräsentation neuronaler Prozesse müssen logistische Bedingungen für die Vernetzung der repräsentierten Information erfüllt werden, die sich u. a. in der zeitlichen Organisation neuronaler Prozesse widerspiegeln. Eine Klasse neuronaler Informationen dient vermutlich dem Zweck, eine funktionelle Verbindung neuronaler Aktivitäten in räumlich verteilten Strukturen zu ermöglichen. Ein weiterer Prozeß im Bereich einiger Sekunden stellt eine Arbeitsplattform für neuronale Prozesse bereit, die sich in der visuellen und auditiven Wahrnehmung, im Kurzzeitgedächtnis, in der Sprachverarbeitung und in der motorischen Kontrolle äußern. Neuste Befunde mit der MEG-Technologie belegen, daß in kortikalen Strukturen eine endogene Modulation der Sensitivität besteht, die eine zeitliche Segmentierung der Informationsverarbeitung im Bereich einiger Sekunden nahelegt. Der hier vermutete zeitliche Integrationsprozeß ist präsemantischer Natur und kann eine grundlegende Rolle auch für die Kommunikation wie z. B. an der Mensch-Machine-Schnittstelle spielen.

Weitere Formen der zeitlichen Strukturierung biologischer Informationsverarbeitung werden in der Chronobiologie untersucht. Dies gilt insbesondere für die Tagesperiodik. Nur in einer voraussagbaren Umwelt können Lebewesen durch Strategien ihr Überleben sichern. Voraussagbare Strukturen existieren im Raum, aber auch in der Zeit (z. B. Jahr und Tag). Ein "strategisches Planen" biologischer Abläufe ist ohne ein "inneres Wissen" der Umweltstrukturen nicht möglich - für Zeiträume erfüllen diese Aufgabe biologische "Uhren". Tageszeitliche Prozesse - von Aktivität und Ruhe bis hin zur Regulation von Molekülen - sind nicht direkte Reaktionen auf Tag und Nacht, sondern werden von der biologischen Tagesuhr programmiert - sie allein wird mit dem Außentag synchronisiert. Ihre "endogene" Natur zeigt sich deutlich, wenn in Versuchen alle tageszeitlichen Informationen ausgeschlossen werden: Die Rhythmik schwingt mit ihrer eigenen ("circa-dianen") Periode weiter. Die Mechanismen des circadianen Systems werden seit wenigen Jahrzehnten experimentell untersucht. Die Ergebnisse der Chronobiologie können dieses fundamentale biologische System bis hin zu speziellen Uhren-Molekülen beschreiben.

Die Kontrolle des circadianen Systems betrifft die gesamte Organisation des Organismus - auf allen Ebenen vom Verhalten und der Funktion von Organen bis hin zu der Biologie der einzelnen Zellen und deren molekularen Bestandteilen. Nach den Ergebnissen der circadianen Forschung muß man davon ausgehen, daß zwei verschiedene Individuen sich zur gleichen Tageszeit biochemisch ähnlicher sind als mit sich selbst im Abstand von 12 Stunden. Die robuste Kontrolle dieser inneren Tagesuhr können wir im Alltag ohne Schwierigkeit erkennen. Durch die circadiane Kontrolle der Alkohol-Dehydrogenase werden wir zum Beispiel nach Alkoholgenuß mittags müde, abends jedoch nicht (dieses Enzym baut Alkohol ab, wird aber erst in den Abendstunden von der inneren Uhr aktiviert). Bei Reisen über Zeitzonen erfahren wir, wie lange die Umstellung des körpereigenen Zeitprogramms dauert, und Schichtarbeiter leiden unter den Folgen, "gegen die innere Uhr" zu leben (das circadiane System läßt sich durch den Schichtwechsel nicht umstellen).

Die Tagesrhythmik, gesteuert durch zwei reiskorngroße Zentren im Gehirn, betrifft alle Funktionen: Schlaf/Wach-Wechsel, Konzentration und Reaktionsgeschwindigkeit, Muskelkraft, Sensitivität der Sinnessysteme und Pupillenweite, Körpertemperatur und Leistungsfähigkeit, Schmerzempfinden und Hormonspiegel, Nieren- Magen- und Darmtätigkeit, Zeitempfinden und vieles mehr. Die großen tageszeitlichen Unterschiede in der menschlichen Physiologie wirken sich auf alle Aspekte des Verhaltens aus. In der Medizin, der Arbeitswelt, im Verkehr oder der Haustechnik sollte die Informationstechnologie diese großen Schwankungen beachten und sie in die Mensch-Technik-Interaktionen mit einbeziehen. Die gesamte medizinische Meßtechnik muß, wenn sie wirklich genaue Diagnosen ermöglichen soll, die circadiane Phasenlage des Patienten in Messungen mit einbeziehen. Jede Messung des Blutdrucks, der Sehschärfe, der Reaktionsgeschwindigkeit, um nur einige Beispiele zu nennen, ist ohne die circadiane Information nur eine grobe Abschätzung. Die circadiane Phasenlage ist darüber hinaus noch individuell verschieden (der Grund für Früh- und Spätmenschen liegt in den ererbten Genen, die den individuellen Ablauf der inneren Uhr bestimmen). Schließlich kann die Tagesrhythmik selbst als diagnostische Information herangezogen werden. Es mehren sich die Krankheitsbilder (z. B. Bluthochdruck, Depression, Schlaflosigkeit, das Auftreten von Magengeschwüren oder Asthmaanfällen), die mit der Tagesrhythmik oder einer Störung derselben zusammenhängen.

Alle technischen Hilfen für den Körper des Menschen (z. B. Brillen, Prothesen, technische Implantate) oder therapeutischen Maschinen (z. B. automatisierte Dialyse oder Infusionen könnten optimiert werden, wenn sie die individuelle Tagesrhythmik beachteten. Es sind durchaus Brillen vorstellbar, deren Tönung, Akkommodation, etc. über Chiptechnologie nicht nur auf die sich verändernden Außenbedingungen, sondern auch auf die endogenen tageszeitlichen Veränderungen reagieren und ihre Einstellung dementsprechend optimieren.

4.2.5   Wissen, Sprache und Kultur

Die in den vorhergehenden Kapiteln behandelten funktionalen Dimensionen biologischer Systeme, wie die Informationsaufnahme und -verarbeitung, die Adaptation, die Situiertheit sowie die zeitliche Organisation berücksichtigen aus sich heraus nicht die Existenz "höherer" Formen der biologischen Informationsverarbeitung, die speziell der menschlichen Spezies zugeschrieben werden (bzw. bei einfacheren Lebensformen nur in rudimentärer Form auftreten). Diese höheren Formen der Informationsverarbeitung lassen sich auch als Verarbeitung und Speicherung von 'Wissen' beschreiben, wobei *Wissen* ganz allgemein *als bewertete, in einem Kontext stehende Information* zu verstehen ist. Im Gegensatz zu den in den vorigen Abschnitten besprochenen Leistungen der biologischen Informationsverarbeitung sollen hier aber speziell die Leistungen komplexerer Bewertungssysteme betrachtet werden, die typischerweise auf sozialen, kulturellen, moralischen, etc. Bezugssystemen basieren. Als ein kennzeichnendes Element dieser 'höheren' Wissensleistungen ist daher zu nennen, daß sich oftmals keine unmittelbare und kurzfristige Relevanz, weder für das Individuum noch für das Kollektiv, feststellen lässt.

Inwieweit 'höhere' kognitive Formen der Informationsverarbeitung, wie die Wissensaufnahme oder Wissensverarbeitung (in Form von Problemlösen, Planen, Entscheiden, logisches Schließen) oder die Vermittlung von Wissen durch Sprache, durch die in den vorangegangenen Abschnitten beschriebenen Funktionen 'emergieren', kann bislang noch nicht abschließend entschieden werden. In jedem Fall werden in der Zukunft Systeme entscheidend sein, die aufgrund von 'Wissensmodellierung' entstanden sind, also auf Wissen basieren, das in erster Linie, aber nicht ausschließlich, durch seine enge Kopplung an Sprache gegeben ist.

In jüngster Zeit hat sich bei der Erforschung künstlicher informationsverarbeitender Systeme eine als ungünstig zu bezeichnende Tendenz hin zu einem Dualismus zwischen Wissensemergenz und Wissensmodellierung ergeben. Wissen, das infolge Emergenz, Selbstorganisationen und konstruktivistischen Prinzipien entsteht, wird dabei im Gegensatz gesehen zu Wissen, das im Rahmen eines Design-Prozesses modelliert wird und in der Tradition der Künstlichen Intelligenz auf den Säulen Sprache und Logik steht. Dieser Schein-Gegensatz beruht jedoch auf einer nicht offensichtlichen Beziehung zwischen Logik und Sprache einerseits und den ihnen zugrundeliegenden biologischen, soziobiologischen aber auch kulturellen Substraten andererseits. Beide Formen der Darstellung und des Erwerbs von Wissen sind notwendig. Sie stehen nicht in einer *kompetitiven* sondern in einer *komplementären* Beziehung.

Es kann gezeigt werden, daß Logik, Sprache und durch Sprache mitteilbares Wissen und die der Erkenntnis-Umwelt zugrundeliegende Biologie in einer Beziehung stehen, in der die Begriffe 'Komplexität des Wissens', 'Konzept', 'Logik' und deren Zusammenhang mit den Begriffen 'Sensor' und 'Gedächtnis' eine Schlüsselrolle spielen. Diese Beschreibung erleichtert es, Korrespondenzen zwischen technischen Wissensproblemen und möglichen bereits existierenden biologischen oder soziobiologischen 'Lösungsansätzen' herzustellen. Dies ist insbesondere deswegen notwendig, weil zwischen der sozialen Komponente von Wissen, also Kooperation und Kommunikation und der biologischen bzw. psychobiologischen individuellen Komponente, also Wissenserwerb und Wissensverwaltung, eine wesentliche Wechselwirkung besteht.

Das 'Wissenssubstrat' setzt zwei Dinge voraus: 1) die Speicherung (Gedächtnis) und 2) die Möglichkeit, bezüglich der Umwelt Unterscheidungen zu machen (Sensorik). Eine geeignete Verbindung von Gedächtnis und Sensorik läßt etwas Neues, nämlich Konzepte, entstehen. Erst wenn Konzepte gebildet werden, können Beschreibungen der Umwelt anderen Wesen (und auch sich selbst) mitgeteilt werden. Konzepte werden sicher schon auf den niedrigsten biologischen Stufen gebildet, aber beim Menschen ist die Konzeptualisierung in einem hohen Maße perfektioniert. Er unterscheidet sich von anderen Wesen sowohl in der Menge der zur Verfügung stehenden Konzepte, als auch in der Komplexität der Konzepte. So bildet er zum Beispiel auch Konzepte über die Konzeptbildung selbst bzw. die Verknüpfung von Konzepten. Die Konzepte 'und', 'oder', 'nicht' bzw. 'eins', 'zwei', 'drei', ..., 'unendlich', 'wahr' und 'falsch' sind zum Beispiel sehr komplexe Konzepte. Dadurch, daß Konzepte nicht unabhängig voneinander sind, kann eine formale Struktur entstehen, die aus den Beziehungen zwischen Konzepten besteht. Diese Tatsache kann jedoch nur mitgeteilt werden, wenn Konzepte über die Konzeptbildung bestehen. Die Logik besteht demnach aus der Mitteilung von Konzeptbeziehungen. Sie teilt eine formale Struktur mit.

Umso komplexere Konzepte gebildet werden, mit destso weniger Zeichen kann eine Beschreibung der Umwelt gegeben werden. Voraussetzung dafür ist jedoch, daß gewährleistet wird, daß in einer ständigen Interaktion der am Sprachspiel beteiligten eine einigermaßen einheitliche Beziehung zur Sensorik besteht (hierin besteht die große Gefahr der momentanen Art mit Wissen umzugehen). Logik hat deshalb anscheinend keine Beziehung zur Sensorik, da es um die Beziehung zwischen Konzepten geht.

Der Mensch unterscheidet sich von anderen Wesen dadurch, daß er mehr Wissen mitteilen kann. Es ist wichtig zu verstehen, daß individuelles und kollektives sprachliches Wissen ein sozial-biologisches Phänomen darstellen, und daß dieses

Wissen insbesondere auch *verteiltes Wissen* ist. Der institutionalisierten Verwaltung und Förderung dieses Wissens in einem Schul- und Universitätssystem stehen andere Wissenskulturen gegenüber, z. B. das Internet. Die weitere Erforschung des Verhältnisses zwischen Individuum und Kollektiv bei Wissenserwerb und Wissensverwaltung in neuen Kommunikationsstrukturen wie dem Internet hat eine technisch-biologische Dimension und eine technisch-soziale Dimension. Es ist davon auszugehen, daß die Untersuchung dieser Aspekte insbesondere auf die Art, wie Wissen in der Zukunft vermittelt wird, einen substantiellen Einfluß ausüben wird. So werden beispielsweise interaktive Lernsysteme eine zunehmend wichtigere Rolle spielen. Entscheidend wird dabei die Gestaltung der Mensch-Maschine-Schnittstelle sein. Möglicherweise wird diese Entwicklung die passiv-rezeptive Lernsituation mit ihrer mangelnden Berücksichtigung individueller Besonderheiten radikal ändern. Die Wichtigkeit, die psychobiologischen Auswirkungen solchen Trainings zu kontrollieren, ist offensichtlich. Begleitende Forschungsarbeit im Hinblick auf soziale und psychosoziale Folgen ist geboten.

Die Fähigkeit von Menschen, Wissen zu integrieren, zu restrukturieren und zu akkumulieren bei gleichzeitiger *Verbesserung der Zugriffszeiten* auf dieses Wissen ist erstaunlich und sie steht im Kontrast zu den begrenzten Fähigkeiten der derzeitigen Systeme der symbolischen Wissensrepräsentation. Der z.T. gleichzeitige Umgang mit einer Vielfalt von Wissensarten wie 'Kontrollwissen' vs. 'aufgabenspezifischem' Wissen, 'gesichertem' vs. 'unsicherem/fehlerhaften' Wissen, 'universellem' Wissen vs. bereichspezifischem Wissen, räumlichem, 'kausalem', zeitlichem und sprachspezifischem Wissen kennzeichnet eine hochorganisierte und flexible Wissensverwaltung.

Daraus ergibt sich die Notwendigkeit einer verstärkten Untersuchung der bei der biologischen Wissensverwaltung involvierten Organisationsphänomene bei der expliziten Wissensmodellierung, die sich u. a. in verteilten und spezialisierten Gedächtnissen (semantisches, episodisches etc. Gedächtnis) widerspiegelt. Die Erforschung diesbezüglicher Aufgaben ist ein kognitionswissenschaftliches Projekt. Die Spanne der daran beteiligten Disziplinen sollte dabei einerseits die für die 'Substratebene' des Wissens zuständigen 'klassischen' Disziplinen der Hirnfoschung einschließen. Andererseits zeichnet sich bei der Erforschung verteilten Wissens, beispielsweise in Form von Agenten, eine soziale Dimension der damit verbundenen Fragen ab (Sozionik). Es ist zu erwarten, daß die verteilte Repräsentation von Wissen bzw. deren Modellierung auch auf das klassische Anwendungsgebiet, das Problemlösen, Auswirkungen haben wird. Die Erforschung des menschlichen Problemlösens, d. h. die menschliche Fähigkeit der *Organisation eines Lösungsprozesses* hat eine hohe technischen Relevanz, die sich bereits in entsprechender Forschungsaktivität und Industrieförderung widerspiegelt (z. B. bei Systemen zur Unterstützung von Entscheidungs- und Diagnoseprozessen).

Es ist von entscheidender Bedeutung und darüberhinaus instruktiv, klarzustellen, daß Verwaltung und Entstehung von Wissen bei Wissensmodellierung und Wissensemergenz unterschiedliche Domänen und Prozesse betreffen. Der Prozeß der Wissensemergenz ist inhärent unberechenbar. Eine zweite Eigenschaft ist oftmals durch den 'graduellen' Charakter gegeben: Wissensemergenz entsteht (!) in einem Lern- oder Adaptationsprozeß, was in vielen Bereichen, in denen ebenfalls intelligentes Verhalten benötigt wird, unerwünscht oder unmöglich ist. Quantitativ betrachtet handelt es sich hierbei um ein Ressourcenproblem, indem z. B. die Anzahl der lokalen Rechenelemente bzw. deren technische Konnektivität die Rechenleistung und damit Gesamtfunktion limitieren. Man sollte im Auge behalten, daß Systeme, die in einem Prozeß der Wissensemergenz entstehen, potentiell unzuverlässig sind. Das gilt auch für Systeme mit symbolischer Wissensrepräsentation, allerdings aus anderen Gründen (Validierung von Soft- und Hardware). Vor allem in entscheidungskritischen, möglicherweise sogar ethisch kritischen Bereichen ist es denkbar, daß künstliche Systeme eine zunehmend wichtige Rolle spielen werden. Bislang besteht aber nur für prozedurale Systeme die Möglichkeit, formale Output-Eigenschaften zu beweisen. Der Einsatz von künstlichen Systemen, die diese Eigenschaft nicht haben, bzw. strukturbedingt eine nichtlineare Verhaltensweise zusammen aufweisen können, ist in kritischen Kontexten mit großer Skepsis zu betrachten. Es sei insbesondere darauf hingewiesen, daß die Fehlersuche und die Ursachenforschung bei Systemausfällen oder erratischem System-Verhalten durch die Involvierung von Komponenten, die auf Wissensemergenz beruhen, deutlich erschwert wird. Die humanwissenschaftliche, biologische und soziobiologische, also interdisziplinäre Dimension des Einsatzes von Wissens-Systemen ist bei diesem Punkt offensichtlich.

Es ist abzusehen, daß die kursierende Informationsmenge weiter zunimmt. Dadurch entsteht aber nicht nur eine Informationsexplosion, sondern auch eine Wissensimplosion, wenn man das Verhältnis vom Umfang zum Inhalt betrachtet. Damit ergibt sich das Problem der Verwaltung von Wissen. Als zentrale Aufgabe wird hier vielfach gesehen, Information selektiv filtern zu müssen (intelligente Suchmaschinen, Datamining), aber Wissen wird auch sinnvoll akkumuliert werden müssen (Integration, Erweiterung, Umstrukturierung s.o.). Der Mensch ist dabei das einzige verfügbare Vorbild, und die Forschung, die diesen Aspekt behandelt, muß notwendigerweise interdisziplinär vorgehen.

In diesem Zusammenhang stellt neben der Repräsentation und Verarbeitung von Wissen deren *Vermittlung* eine der Herausforderungen der Zukunft dar. Die gegenwärtigen Ansätze zur Entwicklung von Lernsoftware sind als rudimentär zu bezeichnen. Angesichts der komplexen Vielfalt menschlichen Lernverhaltens und angesichts des Potentials automatischer interaktiver Wissensvermittlung ist eine forcierte wissenschaftliche Förderung von Forschungsanstrengungen in dieser Richtung anzuraten.

4.3.   Erkenntnisstand, Technologierelevanz und Zeithorizonte

Die Informationsverarbeitung in biologischen Systemen zeichnet sich durch eine beeindruckende Vielfalt und Leistungsfähigkeit aus. Die Leistungen dieser Systeme sind in den biologischen Wissenschaften in großer Breite experimentell untersucht und im Hinblick auf viele ihrer Einzelheiten beschrieben worden. Es bleibt aber einzuräumen, daß die Prinzipien, die diesen Leistungen zugrunde liegen, erst zu einem relativ geringen Teil wirklich verstanden sind. Auf der technischen Seite sind die heute verfügbaren Systeme der Informationsverarbeitung von der Leistungsfähigkeit der Biologie noch sehr weit entfernt.

Diese Situation bedeutet nun aber keineswegs, daß man von einer breiten technischen Nutzung der biologischen Vorbilder noch weit entfernt ist. Im Gegenteil, gerade die Vielfalt der biologischen Realisierungen bietet ein nahezu unerschöpfliches Potential, um daraus eine Vielzahl technischer Anwendungen ableiten zu können. Zunächst wird dies allerdings auf einer eher heuristischen Ebene geschehen, z. B. durch das 'Kopieren' bestimmter spezieller Vorbild-Systeme im biologischen Bereich (z. B. Immunsystem, 'künstliche Nase') oder auch durch die Verwendung bestimmter Einzeleigenschaften (z. B. inhomogene CCD-Sensoren nach Vorbild der Retina). Schließlich ist es möglich, die biologischen 'Materialien' selbst für technische Informationsverarbeitungszwecke zu benutzten (DNA-Computing). Derartige Anwendungen setzen nicht notwendig voraus, daß die zugrundeliegenden biologischen Prinzipien, d. h. insbesondere die Struktur-Funktions-Zusammenhänge, vollständig verstanden sind, sondern sie basieren wesentlich auf dem Effekt, daß durch das Kopieren gewisser struktureller Grundeigenschaften auch bestimmte funktionale Leistungen der biologischen Vorbilder auf die künstlichen Systeme transferiert werden.

Auf längerfristige Sicht wäre es aber noch von weitaus größerem Interesse, wenn zu dieser Strategie des Kopierens noch eine Strategie in Richtung auf eine *'systemorientierte biologische Informationstheorie'*, d. h. einer theoretischen Beschreibung der grundlegenden Prinzipien der Informationsverarbeitung in biologischen Systemen, hinzukommen würde. Die tatsächliche Realisierung einer geschlossenen 'biologischen Informationstheorie' liegt zwar vom gegenwärtigen Kenntnisstand aus in relativ weiter Ferne. Der entscheidende Punkt ist jedoch, wie sich Akzeptanz und Förderung eines derartigen Fernziels bereits auf die mittelfristige Entwicklung der biologischen und technischen Disziplinen auswirken würde.

Hier gilt es zu erkennen, daß es nur durch die Verfügbarkeit entsprechender abstrakt formulierter Prinzipien möglich wird, die in der Biologie gewonnenen Erkenntnisse ohne die sonst auftretenden Einschränkungen durch das spezielle technische Substrat oder einen spezifischen Anwendungskontext in wirklich breiter Form auf allen Ebenen des Designs technischer Informationsverarbeitungssysteme einsetzen zu können. Für Fortschritte in dieser Richtung ist es allerdings nicht notwendig, daß eine vollständige geschlossene Theorie vorliegt, vielmehr verbreitert bereits jeder einzelne Schritt in Richtung auf eine Erhöhung des Abstraktions- und Formalisierungsgrades das Potential für technische Anwendungen.

Über diese Verbesserung des Wissenstransfers von der Biologie in die Technik hinaus ergibt sich durch eine solche Perspektive auch eine nicht zu unterschätzende *bidirektionale Rückkopplung zwischen den Disziplinen.* Durch die Verfügbarkeit entsprechender technischer Informationsverarbeitungssysteme und durch die dann ja auch unabhängig im technischen Bereich stattfindende Weiterentwicklung der theoretischen Konzepte und der formalen Methoden resultieren auch in der Gegenrichtung stimulierende Auswirkungen, z. B. auf die Diskussion und Hypothesenbildung im Bereich der Biowissenschaften. Beispielsweise eröffnen technische Artefakte die Möglichkeit einer kompletten experimentellen Beobachtung, die in der Biologie selbst in der Regel nicht möglich ist. Die sensorischen Eingangsinformationen, die internen Zustände des Systems (die technische 'neuronale Aktivität'), jedes motorische Kontrollsignal läßt sich prinzipiell im technischen Artefakt messen; auch während sich dieses aktiv in einer Umgebung bewegt. Zusätzlich zu dieser Beobachtbarkeit der Zustände sind auch der Bauplan und die Regeln des Systemdesigns bekannt, die bei der Konstruktion verwendet wurden.

Das intelektuelle Einflußpotential, das prinzipiell in einer solchen bidirektionalen Kopplung zwischen den Disziplinen steckt, läßt sich abschätzen, wenn man an den immensen Einfluß der klassischen 'Computer-Metapher' auf die Entwicklungen im Bereich der Bio- und Geisteswissenschaften in den vergangenen Jahrzehnten denkt. Dabei war dies nur eine Situation des *einseitigen* Konzepttransfers aus dem technischen in den biologischen Bereich, und es war möglicherweise auch eine nicht optimal geeignete Metapher, wie heute viele Kritiker meinen.

Um in Richtung auf das Fernziel einer 'biologischen Informationstheorie' voranzukommen, sind im Bereich der Biowissenschaften besonders die Bereiche von Interesse, in denen a) eine funktional/systemorientierte Sichtweise vorhanden und b) ein relativ hoher Formalisierungsgrad gegeben ist (häufig ist allerdings nicht beides gleichzeitig der Fall).

Ein relativ hoher Formalisierungsgrad ist beispielsweise im Bereich Genetik/Evolutionstheorie gegeben. Hier sind viele grundlegende Regeln bekannt und formal beschrieben. Dementsprechend ist auch eine relativ einfache Abbildbarkeit in den technischen Kontext gegeben, der sich in der zunehmenden Zahl von Applikationen, die auf 'genetischen Algorithmen' und 'evolutionären Strategien' aufbauen, widerspiegelt.

Nicht zuletzt durch den Einfluß evolutionärer Erklärungsansätze ist die Immunologie derzeit in einer stürmischen Entwicklung begriffen und stellt eine wichtige Inspirationsquelle für technische Ansätze dar.

Auch in den klassischen Kognitionswissenschaften liegt zum Teil ein hoher Formalisierungsgrad vor. Allerdings ist dieser, entsprechend der historischen Entwicklung, zum Teil stark auf die Symbolverarbeitung bezogen und kann damit nach heutigem Erkenntnisstand nur einen Teilaspekt einer biologischen Informationstheorie darstellen.

Auf dem Gebiet der Gedächtnissysteme erscheint der Unterschied zwischen biologischen und technischen Systemen besonders groß. Im Unterschied zur Technik gibt es in der Biologie keine inhaltsunabhängigen Universalspeicher, sondern eine Vielzahl von spezialisierten und interagierenden Subsystemen, die sich auch noch über unterschiedliche Ordnungsstufen erstrecken. Darüberhinaus deutet sich nach jüngsten Ergebnissen an, daß auch die Vorstellung einer klaren Lokalisierung dieser Gedächtnissysteme, z. B. in speziellen kortikalen Arealen, aufgegeben werden muß. Biologische Gedächtnisfunktionen scheinen vielmehr in einer verteilten und vernetzten Form realisiert zu sein. Dies ist ein Architekturprinzip, das in der Technik bislang noch kaum untersucht worden ist.

Von besonderer Bedeutung für eine 'biologische Informationstheorie' ist der Systemgedanke, der nicht nur das biologische System selbst in seiner gesamtheitlichen Funktionalität sieht, sondern auch den Umgebungskontext, also die Beziehung zwischen System und Umwelt, berücksichtigt.

Eine wichtige Voraussetzung für den Fortschritt in Richtung einer biologischen Informationstheorie ist daher die Erforschung der Beziehung zwischen den Informationsverarbeitungsstrategien von biologischen Systemen und der Struktur ihrer natürlichen Umgebung. Diese Problematik wird im Prinzip bereits seit langem im Bereich der Ethologie untersucht. Allerdings stehen dabei meist die differentiellen Aspekte im Vordergrund. Die Forschung konzentriert sich im wesentlichen darauf, wie sich unterschiedliche Umweltbedingungen auf Unterschiede in der biologischen Informationsverarbeitung verschiedener Spezies auswirken, z.B in Form einer Bevorzugung bestimmter Frequenzbereiche bei der akustischen Verarbeitung. Weniger Augenmerk wurde bislang darauf gelegt, wie die ebenfalls vorhandenen weitreichenden Gemeinsamkeiten bei der sensorischen Informationsverarbeitung verschiedener Spezies auf generelle Struktureigenschaften der natürlichen Umwelt zurückgeführt werden können. Dieser Aspekt gewinnt in jüngerer Zeit bei der Erforschung des visuellen Systems an Bedeutung. Die Untersuchung der frühen Informationsverarbeitungsstufen des visuellen und auditiven Systems, hat traditionell einen starken Anteil an formalen Modellen. War hier die Entwicklung früher von einer isolierten, die Umwelteigenschaften nicht beachtenden Vorgehensweise geprägt (Einzelzellableitungen und psychophysische Messungen mit artifiziellen Testsignalen), wird nun diese Modellbildung zusammengebracht mit einem statistisch-informationstheoretischen Ansatz, der explizit die Verarbeitungseigenschaften visueller Neurone als Resultat einer optimalen Anspassung an die statistischen Redundanzen der natürlichen Umwelt betrachtet. Obwohl hier, allein aufgrund der verwendeten statistisch-informationstheoretischen Methodik, der Bezug zu technischen Applikationen im Bereich der Bilddatenübertragung und -kompression eigentlich nahe liegt, gibt es erstaunlicherweise bislang nur wenig Kontakte zwischen den entsprechenden technischen und biologischen Forschungsbereichen.

Besonders stark kommt der Systemaspekt im Bereich der 'Animats' zum Tragen, bei den künstlichen Robotermodellen einfacher Organismen, die z. B. das Laufverhalten von Insekten nachbilden, aber insbesondere auch vollständige autonome Systeme realisieren, die mit eigenen Sinnesorganen ausgestattet sind und sich durch Lernen und aktive Exploration an eine physikalische Umwelt anpassen können.

Als wichtige orthogonale Dimension, die bei allen Aspekten biologischer Informationsverarbeitung eine grundlegende Rolle spielt, aber häufig sowohl in der biologischen Grundlagenforschung, als auch bei technischen Applikationen nur unzureichende Berücksichtigung findet, sind schließlich die Prinzipien der zeitlichen Organisation in biologischen Systemen zu nennen. Diese reichen von den effizienten Strategien der selektiven Aufmerksamkeit über die Prozesse der Synchronsiation der Informationsverarbeitung in verteilten neuronalen Modulen bis zu den vielfältigen biologischen Uhren und Taktgebern. Eine biologische Informationstheorie ist ohne Berücksichtigung der Zeit nicht denkbar.

5 Bioanaloge Ansätze für adaptive und autonome Systeme in der Informationstechnik

Nachdem im vorherigen Kapitel die vielfältigen Aspekte der belebten Natur, die mit dem technischen Begriff der „Informationsverarbeitung" in Verbindung gebracht werden können, sowie die Beschränkungen und Problemfelder der heutigen technischen Systeme dargelegt wurden, zeigt dieses Kapitel mögliche Wege und Ansätze auf, diese Erkenntnisse in der Technik nutzbar zu machen. Dabei wurden Schwerpunkte gesetzt, die durch die befragten Experten, sowie durch den ermittelten Stand der Forschung und durch Erkenntnisse der an der Studie beteiligten Forschungsgruppen selbst herrühren.

Die in den Expertenbefragungen häufig geäußerte Forderung nach neuen Qualitäten in der IT, wurde als Maßstab bei der Besprechung der verschiedenen Methoden und Techniken angesetzt. Die im Kapitel 4 zusammengestellten zentralen Eigenschaften und Fähigkeiten lebender Systeme, finden in diesem Kapitel ihre Entsprechung. Die angesprochenen biologischen Dimensionen u. a. der *Adaptivität* (z. B. lebenslange Flexibilität in der Struktur von Systemen), der *Situiertheit* (d. h. die Erkenntnis, daß die belebte Natur auf Anpassung statt auf universellen Lösungen aufbaut), der *Autonomie*, sowie der *Selbstorganisation* spielen dabei eine entscheidende Rolle.

Natürlich sind wir von einer unmittelbaren Übertragung vorhandener Erkenntnisse zu den komplexen Systemen der Natur weit entfernt. Unter anderem wird dies dadurch erschwert, daß das Übertragen von „Einzelphänomenen" sehr problematisch ist – es wird in der Besprechung zur Biologie ja gerade betont, daß die Ganzheitlichkeit von Systemen wichtig ist. D. h. die Betrachtung der Umwelt, der Sensorik, der Morphologie usw. sollte nicht getrennt erfolgen.

Die im folgenden besprochenen Bereiche lassen sich daher nicht modular zusammenfügen, sondern stellen verschiedene Interpretationen von einzelnen Systemen und größeren Zusammenhängen der Natur dar. Die Nähe zur Biologie ist dabei durchaus unterschiedlich, was einzeln besprochen wird. Andererseits ist die Nähe zur Natur alleine hier kein Kriterium für die Auswertung technischer Systeme.

Die aus der Biologie geforderte Ganzheitlichkeit zieht auch nach sich, daß die Verfahren i. a. nicht nach Software- und Hardwareschwerpunkten getrennt behandelt werden, sondern, daß die sich aus den einzelnen Ansätzen ergebenden Hardwareerfordernisse direkt in den jeweiligen Abschnitten besprochen werden.

5.1 Biologisch inspirierte Hardwarestrukturen

Es gibt grundsätzlich zwei Möglichkeiten, sich die Biologie bei der Entwicklung von Methoden der Informationsverarbeitung – und hier insbesondere von Software- und Hardwarearchitekturen – zunutze zu machen.

Die erste besteht darin, Paradigmen der Biologie in Rechnerarchitekturen zu verwirklichen, entweder in Software oder in Hardware, jedoch auf der Basis nichtbiologischer Hardwaretechnologien (bioanaloge Ansätze). In diese Bereiche fallen z. B. die Entwicklung Künstlicher Neuronaler Netze und Genetischer Algorithmen.

Im Bereich der Hardwarearchitekturen sind evolvierbare Hardwareentwicklungen, z. B. auf der Basis von FPGAs (Field Programmable Gate Arrays) möglich und ein vielversprechender Ansatz für neuartige Berechnungskonzepte. Biologische Ansprüche treiben solche konfigurierbare Hardware stark in Richtung zunehmender Plastizität und Selbstkonstruktion oder Refonfiguration bis hin zu kompletten selbstorganisierenden Hardwarearchitekturen. Sie sind damit ein Motor sowohl für Technologie- als auch für Architekturentwicklungen. Dieser Bereich wird im Kapitel 5.1.2 angesprochen.

Die zweite Art der Nutzung biologischer Prinzipien ist die, in der Rechnerhardware selbst biologische Elemente vorzusehen (bioidentische Funktionselemente). Hier gibt es verschiedene Ansätze, die die Kopplung von Nervenzellen mit auf Silizium basierender Hardware, die Nutzung von Proteinen als Schalter und das sogenannte DNA-Computing einschließen. Von diesen Möglichkeiten wird hier das DNA-Computing als die Variante näher beleuchtet, die am weitesten über den bloßen Hardwareaspekt hinausgeht und eine neuartige Systemarchitektur anbietet. Dieser Ansatz der Nutzung bioidentischer Funktionselemente macht Unterschiede bzw. Ergänzungen bioanaloger Strategien deutlich.

5.1.1 Bioidentische Funktionselemente: DNA-Computing

Zielsetzung

DNA-Computing basiert auf der Idee, die sich in der Molekularbiologie entwickelnde Technologie zur Manipulation von DNA (Sequenzierungsmethoden, PCR, Kettenmanipulationen mit Restriktionsenzymen und Ligasen, Selektionsmechanismen basierend auf Gelen, Fluoreszenz- und Massenspektroskopie) für informationsverarbeitende Zwecke nutzbar zu machen. Dabei wird ein konkretes DNA-Stück interpretiert als Kodierung von Zeichenketten oder Symbolen.

In einem Reaktor mit in Puffer gelöster DNA ist im Prinzip eine sehr große Anzahl von Operationen auf molekularer Basis parallel ausführbar. Ein Liter DNA in experimentell manipulierbarer Konzentration enthält etwa 10^{17} DNA-Moleküle und erlaubt daher im Prinzip einen entsprechend hohen Parallelisierungsgrad von Zeichenkettenmanipulationen. Daher besteht das Potential, bei auf molekularer Ebene stattfindenden Berechnungen eine Parallelität zu erreichen, die um mehrere Größenordnungen das auf Silizium Mögliche überschreitet. Diese Betrachtung legt nahe, daß DNA-Computing in allen denjenigen Bereichen als wertvolle Alternative zu Silizium-basierter Technologie dienen kann, in denen Berechnungen einer geringen Tiefe (Schrittzahl) auf sehr vielen Prozessoren durchgeführt werden müssen. Dies kommt bei Optimierungsproblemen vor sowie bei Problemen mit assoziativem Datenzugriff.

Internationaler Stand der Technik

Adleman [1] hat zum ersten Mal experimentell nachgewiesen, daß Rechnungen in DNA im Prinzip möglich sind. Er berechnete einen Hamiltonpfad in einem Graphen mit sechs Knoten. Lipton [2] hat prognostiziert, daß sich die Methode von Adleman auch auf andere Optimierungsprobleme anwenden läßt. Diese beiden Arbeiten haben zu einer ganzen Anzahl von – meistens theoretischen – Folgeuntersuchungen geführt, in denen unter anderem der Bau assoziativer Speicher auf DNA-Basis konzipiert [3] sowie die prinzipielle Durchführbarkeit von großen Klassen von Berechnungen in DNA abgeleitet wurde [4]. Experimentelle Arbeiten auf diesem Gebiet sind seltener. In den letzten Jahren sind jedoch eine Reihe von experimentellen Ansätzen auf kleinen Modellproblemen oder Rechenbruchstücken demonstriert worden: Ein kleines Maximal-Clique-Problem wurde durch eine neue Kodierung gelöst [5], die DNA-basierte Addition wurde demonstriert [6] und Tag- und Joinoperationen für relationelle Datenbanken wurden etabliert [7]. Es wurde früh bemerkt, daß mit einem am Anfang vollständig synthetisierten Lösungsraum große kombinatorische Aufgaben nicht gelöst werden können.

Mehrere Gruppen weltweit versuchen zur Zeit den Anschluß zu Problemen von mittlerer Größe (z. B. Lösung von kombinatorischen Problemen mit einer Million Lösungskandidaten) zu schaffen. Japans Molecular Computing Initiative nutzt „Whiplash PCR" als Grundoperation. Adleman selbst versucht Information reversibel in Hybridisierungsmuster von DNA auf Chipoberflächen massiv parallel zu verarbeiten. In Houston werden „Cut and Paste" mit Restriktionsenzymen und DNA-Chip-basiertes Auslesen von Information versucht. Auch in Princeton werden Probleme mittlerer Größe jetzt angegangen. Es werden aber auch völlig andere Arten von DNA- Computing, wie der Self-Assembly-Ansatz von Erik Winfree und Nadian Seeman verfolgt.

Die in [1] eingeführte Art des DNA-Computing hat folgende Eigenschaften, die die Anwendbarkeit dieses Paradigmas limitieren:

- Das implementierte Maschinenmodell ist das SIMD-Modell, in dem parallel und synchron ein und dieselbe Operation auf einer großen Anzahl unterschiedlicher Daten durchgeführt wird.

- Jede Operation umfaßt einen gesamten experimentellen Zyklus und dauert unter normalen Laborbedingungen etwa eine Stunde.

Die Beschränkung auf SIMD-Berechnungen flacher Tiefe schließt die Anwendung komplexer Algorithmen praktisch aus. Das führt dazu, daß die Optimierung im wesentlichen durch eine vollständige Suche über alle möglichen Lösungen geschieht. Somit wird der Vorteil des hohen Maßes an Parallelität, das die DNA-Technologie zur Verfügung stellt, durch die von einfachen Algorithmen ausgeübte Verschwendung von Ressourcen praktisch wieder aufgehoben.

International sind verschiedene Ansätze zur Behebung dieser Probleme entwickelt worden. Eine Grundidee ist, schon bei der Herstellung von DNA-Bibliotheken Problemeigenschaften zu berücksichtigen. Zweitens wird versucht, die Berechnung auf Verarbeitungsschritte zu beschränken, die gut zu automatisieren und parallelisieren sind, so daß eine größere Operationstiefe ermöglicht wird und daß nur die Geschwindigkeit der biochemischen Reaktionen die Verarbeitung begrenzt. Ein Ansatz hierfür auf der Basis konfigurierbarer Hardware ist am IMB Jena erarbeitet worden. An der GMD wurde ein Konzept für eine DNA-gerechte Programmiermethodik entwickelt.

Zusammenfassend ist eine auf DNA-Manipulation basierende technische Informationsverarbeitung eine attraktive Idee. Bisher vorgestellte Konzepte und Vorarbeiten lassen die Anwendung der Technologie insbesondere in folgenden Anwendungsbereichen als vielversprechend erscheinen:

- assoziative Speicher [3] etwa im Bereich der Bildverarbeitung,

- Optimierung in Naturwissenschaft und Technik.

In beiden Bereichen macht sich die DNA-Computing-Technologie die massive Parallelität zunutze, die auf molekularer Ebene das bisher Erreichbare um viele Grössenordnungen übersteigt.

Möglichkeiten und Risiken

Den Erfolg des DNA-basierten Computing bestimmen u. a. folgende Faktoren:

- Die maximale Länge von verarbeitbaren DNA-Ketten: Man kann hier nach ersten Schätzungen derzeit von Längen zwischen 2500 und 5000 Basenpaaren ausgehen.

- Die Fehlerwahrscheinlichkeit bei chemischen Reaktionen zur DNA-Manipulation (Splicing, Ligation, Hybridisierung etc.): Diese Fehlerwahrscheinlichkeit ist keineswegs uniform, jedoch einige *in-vitro*-Prozesse erreichen Fehlerraten von

Fehlerraten von 10^{-6}. Diese Fehlerraten sind im Rahmen von Evolutionsstudien teilweise gut charakterisiert.

- Die minimale Multiplizität desselben Moleküls zur Sicherung zuverlässiger Berechnungen: Durch die Vervielfältigungsmöglichkeit mittels PCR sollte die hier zur Auffindung eines Moleküls notwendige Zahl klein sein. Damit zwei spezifisch geformte Moleküle bei Zimmertemperatur im Reaktor nahe genug kommen, um eine Reaktion einzugehen, sind die Minimalschätzungen der Molekülmultiplizität wesentlich höher (10^9). Diese Zahl sinkt jedoch sogar bis eins für Mikroreaktoren mit der Dimension von Zellen.

- Die erwartete Geschwindigkeit von Reaktionsketten, die einzelne Operationen implementieren: *In vitro* haben DNA-verarbeitende Enzyme eine Geschwindigkeit von etwa 100 bp/s. Durch hohe Molekülanzahlen und die damit erreichbare Parallelität sollten hohe Verarbeitungsraten erreichbar sein. Die Natur kopiert das gesamte menschliche Genom mit 3.10^9 bp in 15 Minuten.

- Das Maß an Redundanz in der Codierung zur Sicherung zuverlässiger Berechnungen: Dieser Wert hängt zentral von der Zuverlässigkeit der chemischen Reaktionen ab.

- Die obere Grenze an verfügbarer Biomasse im DNA-Reaktor: Jeder Liter DNA kann bei für molekularbiologische Experimente üblicher Konzentration (0.06g DNA/l) 3.10^7 Terabyte speichern.

Diese Parameter sind zum größten Teil nur durch sorgfältige molekularbiologische Experimentation und nur zum kleineren Teil auf der Basis von Modellen zu bestimmen. Sie hängen von komplexen Zusammenhängen der thermodynamischen Reaktionskinetik und solchen Störfaktoren wie Hydrolysierung, Depurifikation etc. ab.

Eine Abschätzung der Erfolgswahrscheinlichkeit für die Entwicklung eines DNA-Rechners ist aufgrund der vielen offenen Fragen zum jetzigen Zeitpunkt nicht in seriöser Weise möglich. Das grundlegende Konzept muß jedoch als aussichtsreich angesehen werden, und zwar aus drei Gründen:

- Die auf DNA ausgerichtete molekularbiologische Experimentiertechnik wird sich im Zusammenhang mit den umfangreichen Aktivitäten im Bereich der Genomforschung rasant weiterentwickeln. Wesentliche Teile dieses Fortschritt, etwa in den Bereichen DNA-Chips, Einzelmolekülnachweis, Massenspektrometrie etc. werden für das DNA-Computing nutzbar sein und ihrerseits durch die Anforderungen des DNA-Computing stimuliert.

- Im Zuge der Entwicklung eines DNA-Rechners werden eine ganze Reihe von Labortechniken entwickelt werden, die auch in der Molekularbiologie einen direkten Fortschritt bedeuten, weil sie eine substantielle Erweiterung der kontrollierten Manipulation von DNA-Ketten darstellen. Ein besonders wichtiger

Aspekt ist hier die Erhöhung der Zuverlässigkeit der molekularbiologischen Experimentiermethoden. Der Vergleich, die Analyse und die Manipulation von ähnlich komplexen Populationen von DNA- und RNA-Sequenzen ist zunehmend auch Thema von Entwicklungsbiologie und Krebsdiagnostik (z. B. bei der Methode RDA, Representation Difference Analysis).

- Auf der Informatikseite sind die Vorarbeiten bereits so weit fortgeschritten, daß die *Realisierung der molekularbiologischen Hardwarekomponente den gegenwärtigen Engpaß darstellt.* Es werden jedoch erhebliche Weiterentwicklungen auch der Informatik notwendig sein, um die vollen Möglichkeiten des konstruktiven Rechnens auszuschöpfen.

Zitierte Literatur

[1] Adleman, L. (1994): Molecular computation of solutions to combinatorial problems, Science, 266, pp. 1021– 1024

[2] Lipton, R.: Using DNA to solve NP-complete problems, Science 268 (1995) 542–545

[3] Baum, E.: How to build an associative memory vastly larger than the brain, Science 268 (1995) 583–585

[4] Csuhaj-Varju; Freund; Kari; Paun: DNA computing based on splicing: Universality results, in PSB Symposium on Biocomputing, 179--190, 1996

[5] Ouyang, Q.; Kaplan, P. D.; Liu, S.; Libchaber, A.: DNA solution of the maximal clique problem. Science 278 446-449 1997.

[6] Guarnieri, F.; Fliss, M.; Bancroft, C.: Making DNA add. Science 273, 220-223 1996.

[7] Arita, M.; Hagiya, M.; Suyama, A.: Joining and Rotating Data with Molecules. IEEE Intnl. Conf. on Evolutionary Computation 1997. (ftp://nicosia.is.s.u-tokyo.ac.jp/pub/staff/arita/icec97.ps.gz)

5.1.2   Bioanaloge Ansätze: Evolvable Hardware

Begriffsbestimmung

Die Entwicklungen von technischen Systemen, die die Natur als Vorbild nehmen, verfolgen drei unterschiedliche Aspekte biologischer Systeme: Phylogenese, Ontogenese und Epigenese. Während die Phylogenese sich mit der Entwicklung biologischer Systeme als Spezies beschäftigt, ist die Ontogenese der Grundprozeß hinter jeder biologischen Entwicklung, die differenzierte Zellen besitzt, und kann vereinfacht als die Spezialisierung einzelner Zellen für bestimmte Aufgaben gesehen werden. Da nur ein Teil der entwickelten Spezialisierung kodiert gespeichert und an die nächste Generation weitergeleitet wird, ist eine umgebungspezifische Anpassung jedes einzelnen Individuums durch Epigenese notwendig. Die Epigenese ist letztendlich die Fähigkeit biologischer Systeme ein Leben lang zu lernen und sich an die Umgebung anzupassen. Über Generationen hinweg werden manche Anpassung durch das Erbgut, andere wiederum durch unmittelbares Lehren innerhalb der gleichen Spezies weitergegeben (z. B. Mutter-Kind Verhalten). Dieses Lehren, Lernen und Anpassen wird nicht nur von Generation zu Generation oder von Individuum zu Individuum vermittelt, geerbt oder übertragen (Entwicklung auf der Zeitachse), sondern auch innerhalb einer Generation durch die Dynamik der Gruppe bzw. Sozialverhalten (Entwicklung im Raum/Umwelt).

Technische Systeme

Die heutigen technischen Systeme, die auf dieser Einteilung beruhen, können ebenfalls in drei Gruppen klassifiziert werden: Systeme, die für die Lösung einer Aufgabe evolutionäre Algorithmen einsetzen (Vorbild ist die Phylogenese), Systeme, die aus Automaten mit vielen gleichen Zellen aber unterschiedlichen Aufgaben bestehen (Vorbild ist die Ontogenese) und Systeme, die ihr Kernverhalten auf Künstlichen Neuronalen Netzen aufbauen und somit auf die Einflüsse der Umgebung mit unterschiedlichen Wichtungen der Neuronen reagieren (Vorbild ist die Epigenese).

Die meisten Arbeiten, die unter dem Namen „Evolvable Hardware" bekannt sind, beruhen auf evolutionären Algorithmen und haben die automatisierte Synthese von Systemen als Ziel (insbesondere digitale Schaltungen). Sobald ein Optimum gefunden wird, endet die künstliche Evolution. Gegenüber klassischen Systemen, bei denen der Entwickler das Optimum selbst finden muß, wird im Falle der „rekonfigurierbaren Hardware" der Rahmen (Randbedingungen der ersten Generation) und die Auswahlkriterien (Fitness function) definiert. Der Rest wird vom System selbst vorangetrieben. In den letzten Jahren wird versucht, anhand von Experimenten die Evolution mit der Lernfähigkeit während des Lebenszyklus zu kombinieren. Es handelt sich dabei um „ko-evolutionäre" Ansätze, die in der natürlichen Entwicklung eines Biosystems die Konkurrenz zwischen Spezies (z. B. Opfer - Angreifer) oder zwischen Individuen der gleichen Art nachbilden. Der ganz große Durchbruch, der die Entwicklung von komplexen Systemen mit einer vielfältigen Funktionalität in einer „offenen Umgebung" und langer Lebensdauer realisieren würde, ist noch nicht gelungen.

Sehr oft behält man bei solchen Systemen die Lösung eines Problems in einer definierten Zeit im Auge, z. B. bestimmte Hardware mit einer vorgegebenen Funktionalität. Sobald die Spezifikation erreicht wird (Funktionalität), wird der evolutionäre Prozeß gestoppt. Der Findungsprozeß der besten Funktion wird meist außerhalb des zu gestaltenden Systems durchgeführt und eine reale Interaktion zwischen den Individuen findet nicht statt (und demnach natürlich auch nicht zwischen den Generationen). Die z. Zt. entwickelten Systeme bedienen sich zwar der Idee der evolutionären Systementwicklung, sind aber meist noch nicht besser als technische Systeme, die mit konventionellen Methoden entwickelt wurden. *Es fehlt im wesentlichen das Zusammenspiel zwischen drei parallelen Entwicklungen: der Fortpflanzung mit den besten Eigenschaften, der Übertragung spezifischer Information für Einzelteile des Systems (Eigenschaften der Spezialisierung) sowie der Feinschliff eines Systems durch ständiges Lernen.* Zusammenfassend kann festgehalten werden, daß bisher immer nur Teilaspekte des gesamten Zyklus (Lernen, Anpassen, Überleben) betrachtet und implementiert wurden.

Betrachtet man die drei Aspekte biologischer Systeme (Lernen, Anpassen und Überleben) aus Sicht der technischen Systeme, dann ist die Spezifikation eines technischen Systems wie folgt: Das technische System muß so entwickelt sein, daß es in seiner vorgesehenen Umgebung zunächst funktionsfähig und dann aber auch anpassungsfähig ist, wobei das Optimum nicht nur in seiner Funktionalität sondern auch in der Verteilung seiner Ressourcen (Sensoren, Aktoren, Rechnerkapazität, Energie) erreicht wird. Dieses Optimum kann und soll anhand der Erfahrung älterer Generationen erreicht werden. Die Teilkomponenten sollen in der Lage sein, sich sowohl der stets ändernden Umgebung (offene Umgebung) anzupassen (Lernfähigkeit) als auch die sich stets ändernde Funktionsfähigkeit des Systems auszugleichen (Selbstreparatur, Umdisponieren existierender Ressourcen sowie Verbesserung der Funktionalität einzelner Module, um den Ausfall anderer auszugleichen). Wenn man das Gruppenverhalten biologischer Systeme hinzu nimmt, sollten technische Systeme nicht nur miteinander kooperieren, sondern sich auch gegenseitig unterstützen, um die Gesamtüberlebenschanchen zu erhöhen (z. B. längere Lebensdauer des Systems durch gegenseitige Diagnose oder Unterstützung bei der Reparatur eines Systems).

Anwendungen

Es stellt sich die Frage, welche Vorteile „Evolutionäre Systeme" (wobei zukünftige Roboter eine große Untermenge dessen bilden) gegenüber den etablierten Ansätzen haben. Dies ist am einfachsten anhand von Beispielen zu verdeutlichen.

Es gibt eine Reihe von Gebieten, die der Mensch entweder nicht betreten darf, kann, oder der Mensch sich in Lebensgefahr begibt, wenn er trotzdem diese Umgebungen betreten muß: Kernkraftwerke, Chemieanlagen, Tiefe der Meere oder Weltall. Im Falle des Weltalls werden z. Zt. Missionen eingesetzt, die unerforschte Gebiete explorieren oder für die Unterstützung der Telekommunikation Satelliten in der Erdumlaufbahn positionieren. Beide Missionen sind sehr teuer und mit einem hohen Risiko verbunden. Um eine hohe Fehlertoleranz solcher Systeme zu garantieren, werden heutzutage für die wichtigsten Komponenten Ersatzteile in mehrfacher Ausführung eingebaut. Das erhöht das Gewicht des Systems und verursacht entsprechend höhere Transportkosten. Trotzdem muß der Mensch von Zeit zu Zeit „helfend" eingreifen: (z. B. Reparatur des Hubbel-Teleskops oder der Mir-Station) oder das System als unbrauchbar erklären und als Müll im All (um die Erde) kreisen lassen.

Ganz anders könnten solche Missionen verlaufen, wenn die Systeme (z. B. Telekommunikationssatelliten) in der Lage wären, sich selbst zu reparieren oder durch Umdisponieren von Reserven/Ressourcen die Funktionalität des Systems zu erhalten. Analog zum Ansatz technischer evolutionärer Algorithmen sollte die Information (Erbgut) zurück an die Erde geschickt und für die nächste Generation als Startpunkt benutzt werden. Dann wäre auch eine gegenseitige Unterstützung von Satelliten denkbar (wenn z. B. noch funktionsfähige Satelliten andere, beschädigte Satelliten diagnostizieren und unterstützen).

Bei der Erforschung der Tiefe der Meere oder bei der Unterstützung der Menschen beim Kampf gegen Umweltkatastrophen könnten autonome Systeme (z. B. Roboter) anhand einer kurzen Analyse des Schadens die Katatrophe einschränken (z. B. Feuerlöschen auf Bohrinseln). Der gleiche Ansatz ist auch für Chemie- oder Kernkraftwerke gültig, wo im Falle von Lecks diese so schnell wie möglich gefunden und repariert werden müssen oder die Anlage abgeschaltet werden muß.

Wenngleich solche Szenarien erst in 10-15 Jahren realisierbar sind, so kann eine Vielzahl von Zwischenstufen Teillösungen in der unmittelbaren menschlichen Umgebung bilden. Hier sei z. B. die autonome Reinigung von Klimaschächten in Krankenhäusern genannt.

Weiterführende Literatur

[1] Sanchez, E.; Tomassini, M.(Hrsg.) (1996): Towards Evolvable Hardware, Berlin: Springer-Verlag, lecture Notes in Computer Science.

[2] Mange, D.; Tomassini, M. (Hrsg.) (1998): Bio-Inspired Computing Machines, Lausanne: Presses Polytechniques et Universitaires Romandes.

[3] Koza, J. R. (1994): Artificial Life: Spontaneous emergence of self-replicating and evolutionary self-improving computer programs. In: C. G. Langton (Hrsg.): Artificial Life II, volume XVII of SFI Studies in the Sciences of Complexity, pp. 225-262, Reading, MA: Addison-Wesley.

[4] Ishiguro; Kondo, T.;Watanabe, Y.; Uchikawa, Y. (1996): Immunoid: An immunological approach to decentralized behavior arbitration of autonomous mobile robots. In: H.-M. Voigt, W. Eberling, I. Rechenberg and H.-P. Schwefel (Hrsg.) Parallel Problem Solving from Nature. Volume 1141 of Lectures Notes in Computer Science, pp. 666-675, Heidelberg: Springer Verlag.

[5] Mange, D.; Stauffer, A. (1994): Introduction to embryonics: Towards new self-repairing and self-reproducing hardware based on biological-like proper-

ties. In: Thalmann, N. M.; Thalmann, D. (Hrsg.): Artificial Life and Virtual Reality, pp. 61-72, Chicester, England: John Wiley.

[6]   Mataric, M.; Cliff, D. (1996): Challenges in Evolving Controllers for Physical Robots, "Robotics and Autonomous Systems", 19(1): 67-83.

[7]   Biro, Z. and Ziemke T. (1998): Evolution of visually-guided approach behaviour in recurrent artificial neural network robot controllers. In: Proceedings of the Fifth International Conference of the Society for Adaptive Behaviour, Univ. of Zuerich, 17-21 August, 1998, MIT Press.

[8]   Gomi, T. (Hrsg.) (1997): Evolutionary Robotics: From Intelligent Robots to Artificial Life, Kanata, Canada: AAAI Books.

[9]   Reynolds, C. W.: Competition, coevolution and the game of tag. In: R. Brooks & P. Maes (Hrsg.): Proceeding of the Forth Workshop of Artificial Life, Boston MA: MIT Press.

5.2   Dynamische Systeme als Methode für eine biologisch inspirierte Informationstechnik

5.2.1   Systemtheorie und Theorie dynamischer Systeme

Unter dem Oberbegriff „Systemtheorie" versammelt sich ein breites Spektrum mathematischer, naturwissenschaftlicher, philosophischer oder sogar weltanschaulicher Methoden und Sichtweisen, die zum Teil eine lange Geschichte haben. Partielle historische Abrisse finden sich bei Abraham & Shaw (1992) (mathematikgeschichtlich), von Bertalanffy (1968) (20er und 30er Jahre, biologisch orientiert), Krohn, Küppers & Paslack (1987) (Ideengeschichte des Begriffs der Selbstorganisation) und Wiener (1948) (Dekade um den 2. Weltkrieg). Eine umfassende historische Aufarbeitung der ingenieurswissenschaftlichen Systemtheorie liefert Wunsch (1985). Einen ausführlichen Überblick verschiedener Ansätze, die für eine biologisch inspirierte IT von besonderem Interesse sind, findet sich bei Jaeger (1996). Dazu gehören *von Bertalanffys „Allgemeine Systemtheorie"* (von Bertalanffy 1968), die *Kybernetik - ingenieurswissenschaftliche Systemtheorie* (mit dem prominenten Teilgebiet der *Meß- und Regelungstechnik* oder auch *Kontrolltheorie*) (geschichtlicher Abriß von Wunsch 1985, Querschnitt von Einzeldarstellungen in Zadeh & Polak 1969, Lehr- und Handbuch siehe Stengel 1986)[27], die

---

[27] Die ingenieursmäßige Systemtheorie ist für eine biologisch inspirierte Informationstechnik insofern von Interesse, als es heute eine enge Wechselbeziehung zwischen biologischer Kybernetik und Kontrolltheorie gibt. Dies betrifft vor allem neurobiologische Untersuchungen zur motorischen Kontrolle (Übersichten in Arbib 1995 und Gazzaniga 1995).

naturwissenschaftlichen Theorien der Selbstorganisation[28] und die *mathematische Theorie dynamischer Systeme* (Einführung: Arrowsmith & Place 1992, Handbuch: Katok & Hasselblatt 1995).

5.2.2 Die Rolle dynamischer Systeme für bioanaloge Informationstechnik

Dynamische Systeme haben für eine biologisch inspirierte, im vorliegenden Bericht speziell bioanaloge IT insbesondere in drei Gebieten eine große Bedeutung:

- *Rekurrente neuronale Netze*: „Rekurrent" heißt, daß neuronale Aktivität in diesen Netzen in die Netze selbst zurückgeführt wird, wodurch solche Netze ohne äußeren Anstoß lange Zeit eigene Erregungsmuster aufbauen können. Rekurrente neuronale Netze sind aus mathematischer Sicht nichts anderes als eine (große) Teilklasse der dynamischen Systeme. Daher sind entsprechende mathematische Techniken der Standard bei der Analyse rekurrenter neuronaler Netze (siehe auch Kapitel 5.3).

- Aus der biologischen Kybernetik ergibt sich ein zweiter Bereich, in dem dynamische Systeme heute für eine biologisch inspirierte IT praktisch wichtig sind. Dies betrifft die *Meß- und Regeltechnik*, und zwar insbesondere bei nichtstationären, nichtlinearen Systemen. Dieser Bereich wurde im Kapitel 3 als kritisches Defizit heutiger Informationstechnologie hervorgehoben. Hier gibt es nun einen fruchtbaren Austausch zwischen biokybernetischen Forschungen und der Meß- und Regeltechnik, welcher oft durch systemtheoretische Modellbildungen vermittelt wird. Diese Bezüge sollen in Abschnitt 5.2.3 kurz angerissen werden.

- Jenseits solcher heute bereits praktisch relevanten Berührungsaspekte könnte sich in der Zukunft aus der Sicht dynamischer Systeme auch *eine fundamentale Neuorientierung der digital-symbolischen Informationsverarbeitung* ergeben. Die Erforschung biologischer neuronaler Informationsverarbeitung mit den Mitteln dynamischer Systeme führt nämlich zu neuen Bestimmungen der Begriffe von Symbol und Algorithmus. Hier entwickeln sich neuartige mathematische Techniken für eine konkrete Formulierung der im Kapitel 3 angemahnten Theorie biologischer Strukturen. Dieser Gesichtspunkt ist von weitreichender Bedeutung (siehe Abschnitt 5.2.4).

---

[28] Zu nennen sind hier vor allem die Theorie des Hyperzyklus von Eigen und Schuster (1977), die Theorie der Selbstorganisation fern vom thermodynamischen Gleichgewicht der „Brüsseler Schule" (Prigogine 1980) und die Synergetik (Haken 1983).

5.2.3 Dynamische Systeme in der Meß- und Regeltechnik und Biokybernetik

Die Meß- und Regeltechnik faßt sich selbst als (ingenieursmäßige) Systemtheorie auf. Die Grundaufgaben der Meß- und Regeltechnik sind befriedigend gelöst für lineare Systeme mit zufälligen Störungen, deren Natur bekannt ist (Stengel 1986). „Linear" heißt, daß solche Systeme mit ihrem Output in linearer Weise auf den Input reagieren (z. B. müßte ein lineares Auto genau doppelt so schnell fahren, wenn man das Gaspedal doppelt tief drückt). „Bekannte zufällige Störungen" bedeutet, daß die sich beim Messen und Regeln ergebenden zwangsläufigen Ungenauigkeiten nach einfachen statistischen Gesetzen (z. B. der bekannten Glockenkurve) verhalten. In dieser *linearen* Meß- und Regeltechnik, welche gegenwärtig noch die Hauptsubstanz des Gebiets ausmacht, gibt es keine nennenswerte Befruchtung durch die Biologie.

Es gibt viele potentielle Anwendungen, bei denen die „klassische" Meß- und Regeltechnik überfordert ist. Beispiele finden sich etwa in der chemischen Prozeßkontrolle, der Flugzeugsteuerung, der Kontrolle von Fertigungsanlagen oder von komplexen Motoren oder Generatoren. Immer größere Anforderungen (z. B. an Energieeffizienz, Anpassungsfähigkeit an wechselnde Einsatzbedingungen, Fehlerfreundlichkeit) führen dazu, daß zur Systemkontrolle immer mehr Sensoren installiert werden. Diese erzeugen einen enormen Datenstrom, der einerseits mit „klassischen" Algorithmen nicht mehr bewältigt werden kann und andererseits Ähnlichkeiten mit den Datenströmen hat, die von biologischen Sensoren an das zentrale Nervensystem geliefert werden. Eigenschaften dieses Datenstromes sind z. B.:

- Hohe parallele Bandbreite (d. h. es gibt gleichzeitig Daten auf sehr vielen Kanälen),

- verschiedene Zeitskalen (d. h. die sensorische Information mancher Kanäle ändert sich viel langsamer als die auf anderen Kanälen),

- große Unzuverlässigkeit auf den einzelnen Kanälen und

- schwere Interpretierbarkeit der Information auf den einzelnen Kanälen.

Die größten Herausforderungen in dieser Hinsicht bietet möglicherweise die *Robotik*, speziell die Kontrolle mechanisch redundanter, mobiler, autonomer Roboter. Hier gilt es, unter besonders harten „Echtzeit"-Bedingungen redundante Systeme mit vielen Freiheitsgraden und typischerweise sehr unvollkommener Sensorik in nichtstationären, sogar nicht a priori klassifizierbaren Bedingungen zu steuern. Dieses Gebiet ist u. U. sehr zukunftsträchtig (siehe Kapitel 6.1). Für diese Studie ist die Robotik aber noch aus einem anderen Grund von besonderem Interesse: Es bestehen gerade hier direkte natürliche Querbeziehungen zur Biokybernetik. Praktisch alle ethologischen und neurobiologischen Befunde zur motorischen Verhaltenskontrolle sind relevant für die Robotik. Andererseits stellen systemtheoretische Techniken der Kontrolltheorie die kanonischen Beschreibungstechniken für Biokybernetiker bereit. Insgesamt ist das Gebiet des *neuro-control* überaus produktiv, und es gibt eine nahezu unübersehbare Literatur (Übersichten in Jordan 1995; Kawato & Gomi 1992; Massone 1995; Sammlung in der Sonderausgabe von Behavioral and Brain Sciences, vol. 15, 1992).

Die Techniken, welche für die Kontrolle mobiler, redundanter, autonomer Roboter entwickelt werden, könnten in Zukunft auch für andere Anwendungen ausgenutzt werden, bei denen keine direkte Beziehung zu biologischen Vorbildern mehr bestehen müßte. Man muß allerdings feststellen, daß die biokybernetisch inspirierte Systemkontrolle noch in der Grundlagenforschung steckt, und die motorischen Leistungen etwa von Insekten erst in Ansätzen verstanden sind. So gibt es zwar bereits z. B. an Stabheuschrecken orientierte Kontrollsysteme für sechsbeinige Laufmaschinen (Cruse et al. 1998), welche langsam über ebenes Terrain mit wenigen, kleinen Hindernissen laufen können. Aber es gibt nicht einmal einen theoretischen Ansatz zu verstehen, wie die natürliche Stabheuschrecke ihre Vielzahl von Bewegungsmustern beim zielgerichteten Gehen und Klettern „über Stock und Stein" situationsadäquat integriert.

Hier ist wieder die Theorielücke zu beklagen, die im Kapitel 3 betont wurde. Auch die Biokybernetik kann sie mit heutigen Ansätzen nicht schließen. Es müssen noch grundsätzlich neue Entdeckungen gemacht werden, bevor Biokybernetik und Systemtheorie die erstaunliche dynamische Anpassungsfähigkeit z. B. von Stabheuschrecken erklären und reproduzieren können.

Die heutigen Resultate der Biokybernetik sind ein wichtiger und ermutigender Wegweiser für eine Forschungsrichtung, in der wir bisher nur die allerersten Schritte getan haben. Viele der befragten Experten stellen aber fest, daß Wegweiser für die weiteren Schritte fehlen, oder daß sogar veritable Sprünge (Paradigmenwechsel) notwendig werden. Im folgenden Abschnitt werden einige solcher sich in Umrissen schon abzeichnenden Methodensprünge skizziert.

5.2.4 Dynamische Systeme und digital-symbolische Informationsverarbeitung

Heute wird im großen und ganzen IT mit *digitaler* IT gleichgesetzt. Kennzeichnend sind:

- Verarbeitung *quantisierter* (diskreter) Informationselemente (bits),

- Verarbeitung *addressierbarer*, *benennbarer* Informationselemente (bits sind *Symbole*, die an bestimmten Speicheradressen stehen),

- *getaktete* Verarbeitung in Prozessoren (Systemuhr, Synchronisation) und

- Verarbeitung nach genau spezifizierten *Algorithmen* (Programme, von-Neumann-Rechner).

Ohne Zweifel war und ist das Paradigma der symbolisch-digitalen Informationsverarbeitung überaus erfolgreich. Die im Kapitel 3 angesprochenen gravierenden Defizite in unserem Verständnis biologischer Systeme lassen es jedoch lohnend erscheinen, über dieses Paradigma hinauszudenken. Im folgenden sollen einige jüngste Forschungsentwicklungen angerissen werden, in denen vor dem Hintergund dynamischer Systeme die biologisch inspirierte Informationsverarbeitung zu „Methodensprüngen" geführt werden könnte, welche die digital-symbolische Informationsverarbeitung transzendiert.

Symbole = chaotische Attraktoren

Freeman und Mitarbeiter (Yao & Freeman 1990, Chang et al. 1998) rekonstruieren anhand physiologischer Befunde das Riechhirn als dynamisches System. Das Hauptresultat besagt, daß sich das Riechhirn im Grundzustand in einem hoch chaotischen Attraktor befindet und sich bei Reizvorgabe in schärfer definierte „Flügel" dieses Attraktors stabilisiert. Diese Flügel sind also dynamische Repräsentationen sensorischer Reize. Ähnlich wird die Bedeutung eines chaotischen Grundzustandes auch von den Neurowissenschaftlern Babloyantz & Lourenço (1994) herausgestellt. Sie weisen darauf hin, daß ein chaotischer Attraktor im Prinzip unendlich viele semistabile Teilmuster enthält, also eine im Prinzip unbegrenzte Speicherkapazität besitzt, und sie interpretieren den chaotischen Grundzustand im Sinne eines Aufmerksamkeitszustandes (ähnlich auch Hayashi 1994).

Im digital-symbolischen Paradigma sind Symbole willkürlich wählbare, zeitlich unveränderliche physikalische „token", die durch einen Symbol-externen Mechanismus manipuliert werden. Faßt man Symbole als chaotische Attraktoren auf, sind sie (i) nicht länger willkürlich wählbar, da sie als komplexes Phänomen aus dem neuronalen Substrat emergieren; (ii) nicht länger zeitlich unveränderlich, da chaotische Attraktoren erstens selbst ein zeitliches Muster sind und zweitens schon bei geringsten Parameteränderungen des neuronalen Substrats ihre Gestalt ändern; (iii) nicht durch externe Mechanismen zu manipulieren, da die Verarbeitungsdynamik hier aus den Symbolen selbst resultiert, welche das gesamte neuronale Substrat beherrschen. Es ist auch kein Raum mehr für „Algorithmen"!

Symbole = Prädiktoren

Eine Grundaufgabe der biologischen und menschlichen Informationsverarbeitung ist die Prädiktion bzw. Antizipation zukünftiger möglicher Weltzustände. Diese

Aufgabe stellt sich auf allen Zeitskalen, vom Millisekundenbereich bei forward-Modellen zur Prädiktion der Auswirkungen von motorischen Kontrollsignalen, die im Kleinhirn angenommen werden (Miall et al. 1993), bis zum komplexen Begriffslernen beim Menschen (Drescher 1991, Hoffmann 1993). Diese Aufgabe ist von so fundamentaler Wichtigkeit für die Erzeugung situativ angemessenen Verhaltens, daß der Vorschlag gemacht wurde, die Entstehung von Symbolen aus dieser Aufgabe heraus zu begründen. Diesem Denkansatz zufolge werden gerade solche sensomotorischen Muster zu Symbolen erhoben, welche lokal gut prädizierbar sind. Systemtheoretisch heißt dies, daß sich das sensomotorische System gerade solche Systemzustände als Symbole „merkt", in denen es ein lokales Entropieminimum durchläuft. Dies können (müssen aber nicht) chaotische Attraktorzustände sein, wodurch sich ein Bezug zum vorgenannten Punkt ergibt. In die Praxis umgesetzt haben diese Idee Tani und Nolfi in einer preisgekrönten Arbeit (Tani & Nolfi 1998) für die Steuerung eines mobilen Roboters. Der Roboter lernt unüberwacht ein Konzeptsystem im Sinne lokaler Prädiktoren, technisch realisiert durch eine Familie rekurrenter neuronaler Netze.

Im digital-symbolischen Paradigma sind Symbole „zweckfrei". Indem man sie gleichsam als kondensierte Prädiktoren faßt, werden sie intrinsisch an einen bestimmten Zweck gebunden, nämlich die Vorhersage. Sie können zu nichts anderem gebraucht werden — was keine Beschränkung, sondern lediglich eine Klärung wäre, wenn sich Prädiktion als der eigentliche Kern jeglicher Konzeptualisierung erweist, wie Hoffmann (1993) argumentiert.

Programmieren = evolutionäre Optimierung

Wenn ein informationsverarbeitendes System als dynamisches System konzipiert wird, stellt sich die Frage nach dem „Programmieren" neu. Nur sehr niedrigdimensionale dynamische Systeme sind faktisch in ihrer Dynamik von vorneherein zu durchschauen (Faustregel: nicht mehr als drei Variablen für zeitkontinuierliche Systeme). Höherdimensionale Systeme lassen sich nicht mehr von Hand für eine vorgegebene Aufgabe spezifizieren, es sei denn, man schränkt die Systemklasse drastisch ein. Die einzige heute praktisch mögliche Chance zur Erzeugung dynamischer Systeme mit einem gewünschten Verhalten besteht in evolutionären Entwicklungsstrategien, wie etwa Genetischen Algorithmen (Goldberg 1989) oder in evolutionärer Optimierung (Rechenberg 1973). Gute Beispiele sind evolvierte Künstliche Neuronale Netze für die Kontrolle sehr einfacher robotischer Bewegungssteuerung, wo evolutionäre Strategien zu überraschend kompakten Controllern führen (z. B. Beer 1995, Harvey et al. 1994, Sims 1994, siehe auch Abschnitt 5.1.2).

Im digital-symbolischen Paradigma spezifiziert ein Programm oder Algorithmus im Detail und in diskreten Schritten, *wie* eine bestimmte Informationsverarbeitungsaufgabe durchzuführen ist. Demgegenüber wird bei der evolutionären Optimierung eines dynamischen Systems nur vorgegeben, *was* es zu leisten hat. Am Ende steht auch kein „Programm" im Sinne einer diskreten Abarbeitung von einzelnen wohldefinierten Operationen, sondern ein dynamisches System, welches eine (quasi-)kontinuierliche Trajektorie in der Zeit generiert. Im Unterschied zu klassischen Programmen laufen dynamische Systeme nicht unbedingt im Detail reproduzierbar ab, speziell wenn chaotische Attraktoren involviert sind. Man kann sie auch nicht „debuggen", sondern muß bei ungenügender Leistung nach-evolvieren bzw. kontinuierliche Adaptationsstrategien mit-evolvieren. Dies kann man als Nachteil sehen. Als besonderer Vorteil ist zu sehen, daß evolutionäre Optimierung für massiv parallele Hardware verwendbar ist, und daß die Systeme im Prinzip unanfällig gegen Störungen im Input evolviert werden können.

Berechnung = Entfaltung paralleler, asynchroner Aktivierungsmuster

Biologische neuronale Systeme haben keine CPU. Die „Berechnungen" in solchen Systemen vollziehen sich vielmehr in der Entfaltung von raumzeitlichen Aktivierungsmustern. Auf der Zeitskala der Mikrodynamik einzelner Neurone gibt es keine Synchronisation durch eine globale Uhr. Dieses neurologische Vorbild hat (zusammen mit Genetischen Algorithmen und Zellulären Automaten) zur Idee der *„emergent computation"* (Forrest 1990) geführt, wonach „Computation" eine Systemeigenschaft ist, die sich aus der globalen, raumzeitlichen Interaktion vieler kleiner dynamischer Elemente ergibt. Prinzipien der *emergent computation* werden gelegentlich schon praktisch ausgenutzt, manchmal unterstützt durch spezialisierte parallele Hardware für Zelluläre Automaten oder künstliche Retinas.

In der Robotik werden gelegentlich sog. *neural fields* eingesetzt (z. B. Engels & Schöner 1995), raumzeitlich definierte dynamische Systeme, deren sich entfaltende Muster eine dynamische Repräsentation der Umgebung des Roboters darstellen. Diese Beispiele (wie die meisten anderen auch) erreichen jedoch das biologische Vorbild insofern nicht, als noch eine globale Systemuhr die Koordination der lokalen Berechnungen sicherstellt. Ein radikaler Bruch mit dieser Einschränkung ist mit analoger Hardware (*neuromorphic hardware*, wie sie z. B. am Institut für Neuroinformatik INI an der ETH Zürich entwickelt wird) möglich, sowie mit *field-programmable gate arrays* (FPGA's), wenn sie unkonventionell eingesetzt werden, d. h. unter Ausschaltung der Systemuhr. Mit nichtgetakteten FPGA's und evolutionärer Optimierung ist die Machbarkeit asynchroner, paralleler dynamischer Systeme mit unterschiedlichen Leistungen demonstriert worden, wie z. B. für einfache Motor-Controller und Taktgeber (Hirst 1996, Thompson 1995).

Der klassische Berechnungsbegriff geht von einer wohldefinierten Abfolge wohldefinierter Operationen aus. Insbesondere die „wohldefinierte Abfolge" führt zu notorischen Schwierigkeiten, wenn es um die Ausnutzung paralleler Hardware geht:

Die Organisation wohldefinierter Abfolgemuster für viele Tausende von Prozessoren ist nur in Ausnahmefällen sinnvoll oder überhaupt möglich. Raumzeitliche Aktivierungsmuster als Träger einer *emergent computation* sind im Prinzip nicht auf eine globale zeitliche Koordination angewiesen. Allerdings sind die Phänomene der Selbstorganisation derartiger Aktivierungsmuster mathematisch noch wenig verstanden, so daß eine Prognose über die eventuellen Leistungen einer radikal verwirklichten *emergent computation* nicht möglich ist. Das biologische Vorbild liefert jedoch einen überzeugenden Existenzbeweis.

5.2.5 Grenzen der heutigen Theorien dynamischer Systeme

In diesem Kapitel wurde bisher beleuchtet, daß biologische Systeme mit Vorteil als dynamische Systeme modelliert werden können (Stichwort: Selbstorganisation, Strukturanpassung durch Bifurkationen). Es wurden auch Beispiele jüngster Forschungsfelder gegeben, wobei dynamische Systeme den formalen Hintergrund für „Methodensprünge" liefern, welche aus dem Paradigma der digitalen Informationsverarbeitung hinausweisen.

Dynamische Systeme haben beim heutigen Stand der Mathematik allerdings noch entscheidende Schwachpunkte.

Biologische informationsverarbeitende Systeme haben folgende typische Eigenschaften:

- Sie bestehen aus vielen, qualitativ verschiedenen, eng gekoppelten Teilsystemen.

- Ihre Teilsysteme arbeiten auf vielen Zeitskalen, und die Zeitskalen können sogar wechseln.

- Ihre Dynamik hat bedeutende stochastische Anteile.

- Sie haben eine räumlich ausgedehnte Dynamik mit sowohl topologischen (Verbindungsmuster) als auch metrischen (topographieerhaltende Abbildungen) Aspekten.

Jede einzelne dieser vier Eigenschaften überfordert die gegenwärtigen mathematischen Mittel der Systemmodellierung:

- Mathematisch beherrschbar sind Systeme mit vielen Teilsystemen nur dann, wenn diese Teilsysteme *gleichartig* sind. Man spricht dann von *kollektiver Dynamik*. Das klassische Beispiel ist der Kristallaser (Haken 1983), dessen Kernkomponente ein Rubinkristall ist. Dieser besteht aus sehr vielen Teilsystemen (Elementarkristallen), die aber alle völlig gleichartig sind. Ihre kollektive Schwingungsdynamik führt zur Aussendung kohärenten Laserlichts. Künstliche Neuronale Netze sind ein anderes Beispiel für eine kollektive Dynamik. Umgekehrt lassen sich Systeme mit ungleichartigen Teilsystemen mathematisch nur beherrschen, wenn es sich um wenige, niedrigdimensionale Teilsysteme oder um wenige, schwach gekoppelte Teilsysteme handelt. „Wenige" oder „niedrigdimensional" ist hier eine wirklich einschneidende Restriktion, denn es ist damit gemeint „zwei oder drei" bzw. „höchstens dreidimensional". Das ist ein Grad an Simplizität, der mit biologischen Systemen nichts gemein hat.

- Mathematisch beherrschbar sind Systeme mit nicht mehr als zwei Zeitskalen, die deutlich (um mindestens eine Größenordnung) getrennt sind. Man hat dann typischerweise (etwa in der Synergetik) Systeme mit einer langsamen makroskopischen Dynamik und einer schnellen mikroskopischen Dynamik. Beispiele sind Musterbildungen in erregbaren Medien. Die langsame Dynamik liefert Kontrollparameter für die schnelle.

- Mathematische Modelle dynamischer Systeme sind überwiegend deterministisch. Meistens werden Differentialgleichungen zu ihrer Beschreibung verwendet. Stochastische Anteile werden zumeist durch überlagertes Rauschen modelliert. Man hat also Modelle der Art „deterministischer Kern plus zufällige Störungen". Als Formalismus dienen dann oft stochastische Differentialgleichungen. Die Übertragung von Grundbegriffen wie Attraktoren, Bifurkationen, Chaos ist schwierig und keineswegs schon abgeschlossen. Noch kritischer ist aber, daß biologische informationsverarbeitende Systeme eventuell eine viel grundsätzlichere Art der Stochastik aufweisen. Sie haben, vereinfachend gesagt, möglicherweise keinen nennenswerten deterministischen Kern. Das wäre zum Beispiel der Fall bei eng gekoppelten chaotischen Oszillatoren mit externem Input — ein beliebtes Denkmodell für die Gehirnforschung. Differentialgleichungen würden dann als sinnvolle Beschreibungstechnik entfallen. Statt dessen müßten Techniken der Informationstheorie und der stochastischen Prozesse herangezogen und mit den bisherigen Leitideen der Selbstorganisation verbunden werden. Derartige Ansätze gibt es noch nicht.

- Dynamiken auf metrischen Trägerräumen (Musterbildungen) sind mathematisch sehr schwierig zu behandeln. Einen in sich stimmigen, abgeschlossenen Theoriekern, wie er für nichträumliche Systeme etwa im Handbuch von Katok und Hasselblatt (1995) kodifiziert ist, gibt es nicht. Ersatzweise greift man auf Simulationsstudien und diskrete Näherungsmodelle, etwa Zellularräume, zurück. Die räumliche Ausdehnung biologischer neuronaler Systeme hat neben der metrischen auch noch eine topologische Komponente, die in der Verbindungsstruktur von Neuromodulen liegt. Eine systematische Berücksichtigung topologischer Eigenschaften von Trägersystemen für Dynamiken ist mathematisch derzeit nicht in Sicht.

Wenn schon jede einzelne der aufgeführten Eigenschaften biologischer informationsverarbeitender Systeme die gegenwärtige mathematische Modellierung überfordert, so erst recht deren Kombination. Kurz gesagt, wesentliche Aspekte biologischer informationsverarbeitender Systeme sind derzeit nicht auf mathematische

Strukturen abbildbar, weil es diese mathematischen Strukturen (noch) nicht gibt. Das in Kapitel 3 angesprochene Defizit einer Strukturtheorie für biologische Systeme liegt also nicht nur darin begründet, daß biologische Strukturen noch nicht angemessen *beschrieben* worden sind. Die Lage ist noch viel gravierender: Solche Strukturen sind heute gar nicht *beschreibbar*. Wirkliche Fortschritte im Verständnis von *Bioinformation* hängen davon ab, daß die mathematische Grundlagenforschung geeignete Beschreibungsmittel bereitstellt.

Zitierte Literatur

[1] Abraham, R. H.; Shaw, Ch. D. (1992): Dynamics: The Geometry of Behavior. Redwood City: Addison-Wesley.

[2] Arrowsmith, D. K.; Place, C. M. (1992): Dynamic Systems - Differential Equations, Maps and Chaotic Behavior. London: Chapman and Hall.

[3] Arbib, M.A. (Hrsg.) (1995): The Handbook of Brain Theory and Neural Networks. MIT Press.

[4] Babloyantz, A.; Lourenço, C. (1994): Computation with Chaos: A Paradigm for Cortical Activity. Proceedings of the National Academy of Sciences of the USA 91, 9027-9031.

[5] Baloch, A. A.; Waxman, A. M. (1991): Visual learning, adaptive expectations, and behavioral conditioning of the mobile robot MAVIN. Neural Networks 4(3), pp. 271-302.

[6] Beer, R. (1995): A Dynamical Systems Perspective on Agent-Environment Interaction. Artificial Intelligence 72 (1/2), pp. 173-216.

[7] von Bertalanffy, L. (1968): General System Theory: Foundations, Development, Applications. New York: Brazillier.

[8] Chang, H.-J.; Freeman, W. J., Burke, B. C. (1998): Optimization of olfactory model in software to give 1/f power spectra reveals numerical instabilities in solutions governed by aperiodic (chaotic) attractors. Neural Networks 11(3), pp. 449-466.

[9] Cruse, H.; Steinkühler, U.; Burkamp, C. (1998): MMC - a recurrent neural network which can be used as manipulable body model. In: Pfeifer, R., Blumberg, B., Meyer, J.-A., Wilson, S.W. (Hrsg.): From animals to animats 5: Proc. SAB-98, pp. 381 – 389. MIT Press.

[10] Deneubourg, J. L.; Goss, S.; Franks, N.; Sendova-Franks, A.; Detrain, C.; Chrétien, L. (1991): The Dynamics of Collective Sorting: Robot-Like Ants and Ant- Like Robots. In: Meyer, J.A.,Wilson, S. (Hrsg.): From Animals to Animats 1. Proceedings of the First International Conference on the Simulation of Adaptive Behavior. pp. 365 – 365. MIT Press.

[11] Drescher, G. L. (1991): Made-up Minds: A Constructivist Approach to Artificial Intelligence. Cambridge, Mass: MIT Press.

[12] Eigen, M.; Schuster, P. (1977f): The Hypercycle: A Principle of Natural Self-Organization. In: Naturwissenschaften 64 (1977), pp. 541 - 565 (Part A); 65 (1978), pp. 7 - 41 (Part B); 65 (1978), pp. 341 - 369 (Part C).

[13] Engels, Ch.; Schöner, G. (1995): Dynamic fields endow behavior-based robots with representations. In: Robotics & Autonomous Systems 14, pp. 55-77.

[14] Forrest, S. (Hrsg.) (1990): Emergent Computation: Proceedings of the ninth annual international conference of the center for nonlinear studies on self-organizing, collective, and cooperative phenomena in natural and artificial computing networks, Los Alamos 1989: North-Holland.

[15] Gazzaniga, M. S. (Hrsg.): The Cognitive Neurosciences. MIT Press/Bradford Books.

[16] Goldberg, D. E. (1989): Genetic Algorithms in Search, Optimization, and Machine Learning. Reading, Mass: Addison-Wesley.

[17] Haken, H. (1983): Advanced Synergetics - Instability Hierarchies of Self-Organizing Systems and Devices. Berlin/Heidelberg: Springer (Springer Series in Synergetics Vol. 20).

[18] Harvey, I.; Husbands, P.; Cliff, D. (1994): Seeing the Light: Artificial Evolution, Real Vision. In: Cliff, D. et al. (Hrsg.) (1994): From Animals to Animats III: Proc. der Third Int. Conf. on Simulation of Adaptive Behavior. Bradford: MIT Press, pp. 392-401.

[19] Hayashi, Y. (1994): Oscillatory Neural Networks and Learning of Continuously Transformed Patterns. In: Neural Networks 7 (2), pp. 219-232.

[20] Hirst, A. J. (1996): Notes on the Evolution of Adaptive Hardware. In: Parmee, I. (Hrsg.): Proc. of the 2nd Conf. on Adaptive Computing in Engineering, Design and Control (ACEDC96).

[21] Hoffmann, J. (1993): Vorhersage und Erkenntnis. Hogrefe Verlag.

[22] Jaeger, H. (1996): Dynamische Systeme in der Kognitionswissenschaft. Kognitionswissenschaft 5(4), pp. 151- 174.

[23] Jordan, M. I. (1995): Computational Motor Control. In: Gazzaniga, M. S. (Hrsg.) The Cognitive Neurosciences. MIT Press/Bradford Books, pp. 597 - 609.

[24] Katok, K.; Hasselblatt, B. (1995): Introduction to the Modern Theory of Dynamical Systems. Cambridge: Cambridge University Press, (Encyclopedia of Mathematics and its Applications 54).

[25] Kawato, M.; Gomi, H. (1992): The cerebellum and VOR/OKR learning models. Trends in Neuroscience 15(11), pp. 445-453.

[26] Kriz, J. (1992): Chaos und Struktur: Systemtheorie Band 1. München: Quintessenz Verlag.

[27] Krohn, W.; Küppers, G.; Paslack, R. (1987): Selbstorganisation - Zur Genese und Entwicklung einer wissenschaftlichen Revolution. In S. J. Schmidt 1987a, pp. 441- 465.

[28] Mandelbrot, B. B. (1977): The Fractal Geometry of Nature. New York: Freeman. Deutsch: Die fraktale Geometrie der Natur. Basel/Boston: Birkhäuser, 1987.

[29] Massone, L. L. E. (1995): Sensorimotor Learning. In: Arbib, M.A. (Hrsg.) The Handbook of Brain Theory and Neural Networks. MIT Press/Bradford Books 1995, pp. 860-864.

[30] Miall, R. C., Weir, D. J., Wolpert, D. M., Stein, J. F. (1993): Is the Cerebellum a Smith Predictor? In: J. of Motor Behavior 25(3), pp. 203-216.

[31] Miall, R. C.; Wolpert, D. M. (1996): Forward models for physiological motor control. In: Neural Networks 9(8), pp. 1265-1280.

[32] Prigogine, I. (1980): From Being to Becoming. San Francisco: Freeman. Deutsch: Vom Sein zum Werden. München: Piper, 1979.

[33] Rechenberg, I. (1973): Evolutionsstrategie: Optimierung technischer Systeme nach Prinzipien der biologischen Evolution. Stuttgart-Bad Cannstadt: Friedrich Frommann Verlag.

[34] Sims, K. (1994): Evolving 3D Morphology and Behavior by Competition. In: Brooks, R.A., Maes, P. (Hrsg.): Artificial Life IV. Proc. des Fourth International Workshop on the Simulation and Synthesis of Living Systems. Bradford Books/MIT Press, pp. 28-39.

[35] Stengel, R. F. (1986): Stochastic Optimal Control. New York: Wiley.

[36] Tani, J.; Nolfi, S. (1998): Learning to perceive the world as articulated: an approach for hierarchical learning in sensory-motor systems. In: Pfeifer, R. Blumberg, B, Meyer, J.-A., Wilson, S.W. (Hrsg.): From animals to animats 5: Proc. SAB-98, MIT Press, pp. 270- 279.

[37] Thompson, A. (1995): Evolving Electronic Robot Controllers that Exploit Hardware Resources. In: Proc. of the 3rd Europ. Conf. on Artificial Life (ECAL95), Springer Verlag.

[38] Wiener, N. (1948): Cybernetics, or control and communication in the animal and the machine. MIT Press.

[39] Wunsch, Gerhard (1985): Geschichte der Systemtheorie. München: Oldenbourg.

[40] Yao, Y.; Freeman, W. J. (1990): A Model of Biological Pattern Recognition with Spatially Chaotic Dynamics. In: Neural Networks 3, No. 2, pp. 153-170.

[41] Zadeh, L. A.; Polak, E. (Hrsg.) (1969): System Theory. New York: McGraw-Hill, (Inter-University Electronics Series Vol. 8).

5.3   Konnektionismus

Verschiedene Entwicklungen aus dem Bereich des Konnektionismus, die beim Verständnis und bei der Modellierung biologischer Systeme sowie bei der Übertragung biologischer Erkenntnisse auf die IT hilfreich sein könnten, werden hier übersichtsartig zusammengefaßt.

5.3.1   Begriffsbestimmung

Die Historie des Konnektionismus kann in mehreren Wellen beschrieben werden, wobei grundlegende Überlegungen zum Thema bereits von Aristoteles angestellt wurden (zitiert in [2]). Dies läßt bereits erahnen, daß dieser einführende Absatz beliebig ausführlich werden könnte. Statt dessen sei auf zwei kurze, aber detailreiche historische Abrisse verwiesen [5], [7].

Eine schlagwortartige Definition des Feldes ist hier aber notwendig, um die Begriffsvielfalt etwas einzuengen. Die immer noch weitverbreitetste Definition wurde von Rumelhart, Hinton und McClelland 1985 in [9] gegeben und soll hier wiederholt werden. Dabei werden die grundlegenden Eigenschaften einzelner Neurone, sowie des gesamten Netzes aufgezählt. Es gebe:

- eine *Menge* von (Verarbeitungs-) *Einheiten*,
- einen globalen *Aktivierungsstatus,*
- eine *Ausgabefunktion* zu jeder Einheit,
- eine Verknüpfung zwischen den Einheiten (das *Netzwerk*),
- eine *Propagierungsregel* von Aktivitätsmustern durch das Netzwerk,
- eine *Aktivierungsregel,* die auf eine Einheit wirkende Eingaben zusammen mit der internen Aktivierung zu einer neuen internen Aktivierung verarbeitet,
- eine *Lernregel,* die das Netzwerk entsprechend den Beispielen modifiziert,
- sowie eine *Umgebung* in der das System operiert.

Der zweite Punkt der Auflistung („ein globaler Aktivierungsstatus") legt eine vollkommen synchrone und global beobachtbare Verarbeitung nahe. Diese Randbedingung ist in neueren Ansätzen (s. u.) nicht mehr erfüllt. Obwohl die genannten Eigenschaften eine Verbindung zu biologischen Neuronen auf den ersten Blick nahelegen, lassen sich auch klare Unterschiede erkennen. Hier sei z. B. die in diesem Modell vernächlässigte Bedeutung der weitreichenden, unspezifisch wirkenden Veränderungen in der Übertragungsfähigkeit genannt (siehe Kapitel 4). Da sich der Konnektionismus auf den Grenzflächen mehrerer Wissenschaften bewegt, lassen sich verschiedene Ausprägungen identifizieren. So werden z. B. die von den Ingenieurwissenschaften und Teilen der Mathematik sowie der Physik geprägten Ausrichtungen durch ein Zitat von Reeke und Edelman angerissen:

„These new appoaches, the misleading label 'neural network computing' notwithstanding, draw their inspiration from statistical physics and engineering, not from biology" [8].

Von dieser in Teilen sehr erfolgreichen „ingenieursorientierten" Richtung des Konnektionismus soll hier aufgrund der Ausrichtung der vorliegenden Studie in den weiteren Abschnitten jedoch nicht mehr die Rede sein. Es seien als wichtigste Vertreter der „universellen Approximatoren" insbesondere die Felder des Multi-Layer-Backpropagations sowie der Self-Organizing-Maps genannt, die zweifelsfrei einen hohen technischen Nutzen erbracht haben, deren Grenzen andererseits bereits recht gut bekannt sind. Für eine detaillierte Diskussion dieser etablierten Methoden sei die Übersicht von Hertz, Krogh und Palmer [4] empfohlen.

5.3.2 Bioanaloge Ansätze

Der in der Biologie beobachtete hohe Grad an Rückkopplungen neuronaler Netze ist ein zentraler Aspekt, der in technischen Umsetzungen zumeist vernachlässigt wird. In der Methodenfamilie „rekurrente Netze" des Konnektionismus wird nun gerade diese Beobachtung avisiert. Die einfachste Form einer synchronen und diskreten Verarbeitung ähnelt noch Multi-Layer-Backpropagation-Systemen, wobei sich lediglich die Anzahl der Layers erheblich erhöht. Frühe Arbeiten von Tani zeigen bereits die Leistungsfähigkeit kleiner Systeme nach dieser Struktur in der Vorhersage von Sensordaten [12].

Sobald man jedoch die Randbedingungen der Synchronität sowie der Diskretisierung fallen läßt, kommt man zu Strukturen, die von ihrer Berechnungskraft jenseits der bekannten endlichen Automaten (sprich den aktuellen von-Neumann-Rechnerarchitekturen) liegen [10][11]. Da die klassische Rechnerentwurfs- und Analysetechnik keine guten Werkzeuge bei der Handhabung dieser Systeme bietet, bedient man sich in den Nachbargebieten der dynamischen Systeme und der chaotischen Attraktoren. In diesem Zusammenhang können die konnektionistischen Ansätze auch als Implementierung von Teilkonzepten der dynamischen Systeme angesehen werden (siehe Kapitel 5.2). Daß bereits sehr kleine, auf diesem Paradigma basierende Systeme komplexestes Verhalten zeigen, läßt sich sehr gut dargestellt in [13] sehen. Als Designprinzip wurden in dieser Arbeit evolutionäre Verfahren angewandt (siehe dazu auch Kapitel 5.4).

Da unsere heutigen Design- und Analysefähigkeiten nicht ausreichen, um komplexe rekurrente Systeme vollständig zu konstruieren, bedient man sich eines Paradigmas, welches sich unter der Bezeichnung 'Situatedness', als 'Sensor-actuator-coupling' oder auch als 'Embedded systems' in der Literatur findet. Gemeint ist immer die Tatsache, daß Systeme nicht ihre Umwelt abtasten und dann in eine „lange" Verarbeitungsschleife (im Sinne von Tausenden von sequenziellen Rechenschritten) gehen, um danach eine Manipulation in der Umgebung zu bewirken. Tatsächlich wird alternativ versucht, die Wechselwirkungen zwischen dem technischen System und der Arbeitsumgebung so eng wie möglich zu halten. Dadurch könnten Systeme, die (evtl. prinzipiell) nicht vollständig entworfen werden können, durch ständige Interaktion mit ihrer tatsächlichen Arbeitsumgebung Lösungen der gestellten Aufgabe dennoch erreichen. Beispiele für die Umsetzung dieses Konzeptes können z. B. im gerade erschienen Buch von Cruse, Dean und Ritter [3] nachgeschlagen werden.

5.3.3   Technische Umsetzung

In der technischen Umsetzung kommt es bei den rekurrenten Netzen (wie auch bei den übrigen in dieser Studie diskutierten Methoden) nicht auf eine Erhöhung der 'blanken' Verarbeitungsgeschwindigkeit an, sondern es sollten neue Strukturen ermöglicht werden. Die heute eingesetzten Hardwareimplementierungen konnektionistischer Systeme setzen jedoch auf die Ausreizung der Möglichkeiten, die sich aus der Zusammenschaltung von vielen 'Standardrechnern' ergeben. Dies führt zwar zu einer Gesamtbeschleunigung, jedoch lassen sich prinzipiell keine Aufgaben angehen, die nicht genausogut auf einem einzelnen Rechner berechnet werden könnten. Diese Situation ändert sich, sobald „analoge" oder „asynchrone" Komponenten integriert oder sogar gänzlich auf explizite Synchronisation und Diskretisierung verzichtet wird. Erste Schritte in diese Richtung lassen sich im Bereich der evolutionären Hardware beobachten oder im analogen VLSI. Misha Mahowald bietet z. B. in [6] eine sehr übersichtliche Darstellung dieses Bereiches.

5.3.4   Diskussion

Zwei wichtige Punkte seien hier nochmals kurz aufgerissen. Zunächst soll hervorgehoben werden, daß die Berechnungskraft der endlichen Automaten (der heutigen von Neumann Rechner) mittels der beschriebenen Techniken deutlich erweitert wird. Andererseits muß aber auch betont werden, daß diese Techniken heute im technischen Sinne (d. h. im Sinne der Zusicherung von Genauigkeiten) nicht beherrscht werden oder vielleicht sogar prinzipiell nicht beherrschbar sind.

Hier müssen neue Denkwege beschritten werden, um die Erforschung dieser Systeme und auch ihre Nutzbarmachung für heute nicht umzusetzende Systeme sowie für zukünftige, komplexe Systeme zu ermöglichen. Eine enge Verbindung zur Theorie der dynamischen Systeme sowie gleichzeitig eine genaue Beobachtung von lebenden Systemen in ihren hochkomplexen 'Einsatzumgebungen', wie im Kapitel 4 dargelegt, scheint dabei unabdingbar.

Zitierte und weiterführende Literatur

[1]   Amit, D. J. (1989): Attractor Neural Networks and Biological Reality: Associative Memory and Learning. Intelligent Autonomous Systems 2, Amsterdam, T. Kanade, F.C.A. Groen, L.O. Hertzberger (Hrsg.), The IAS Foundation, Vol. 1, pp. 35-50.

[2]   Anderson, J. A.; Pellionisz, A.; Rosenfeld, E. (Hrsg.) (1990): Neurocomputing 2. Cambridge, MA: MIT Press.

[3]   Cruse, H.; Dean, J.; Ritter, H. (1998): Die Entdeckung der Intelligenz oder 'Können Ameisen denken?' - Intelligenz bei Tieren und Maschinen. München: C. H. Beck Verlag.

[4]   Hertz, J.; Krogh, A.; Palmer, R.: Introduction to the Theory of Neural Computation. Addison-Wesley, The Advanced Book Program.

[5]   Medler, D. A. (1998): A Brief History of Connectionism. Neural Computing Surveys, 1, pp. 61-101.

[6]   Mahowald, M. (1992): VLSI Analogs of Neural Visual Processing: A synthesis of form and function. PhD thesis, California Institute of Technology, Pasadene, California, U.S.A.

[7]   Pollack, J. B.: Connectionism: Past, Present, and Future. Artificial Intelligence Review, 3, pp. 3-20.

[8]   Reeke, J. G. N.; Edelman, G. M. (1988): Real brains and artificial intelligence. In: S. R. Graqubard (Hrsg.): The Artificial Intelligence Debate. Cambridge, MA: MIT Press.

[9]   Rumelhart, D. E.; McClelland, J. L. (1985): Parallel Distributed Processing - Explorations in the Microstructure of CognitionVolume 1: FoundationsVolume 2: Psychological and Biological Models. Cambridge MA/London, England: A Bradford Book/The MIT Press.

[10]   Sontag, E. (1998): VC Dimension of Neural Networks. Neural Networks and Machine Learning (C.M. Bishop, ed.), London: Springer-Verlag.

[11]   Sontag, E. (1997): Recurrent neural networks: Some systems-theoretic aspects. In: Karny, M.; Warwick, K.; Kurkova, V. (Hrsg.): Dealing with Complexity: a Neural Network Approach. London: Springer-Verlag, pp. 1 - 12.

[12] Tani, J.; Fukumura, N. (1994): Learning Goal-Directed Sensory-Based Navigantion of a Mobile Robot. In: Neural Networks, Vol. 7, No. 3, pp. 553-563.

[13] Thompson, A. (1997): Artificial Evolution in the Physical World. In: Gomo, T. (Hrsg.): Evolutionary Robotics: From Intelligent Robots to Artificial Life (ER'97). AAI Books, pp. 101 - 125.

5.4   Evolutionäre Verfahren

Komplexe, in der Natur beobachtbare Systeme sind das Resultat evolutionärer Prozesse. Darwin schlug vor, daß Selektion und Reproduktion mit geringen zufälligen Variationen diese evolutionären Prozesse erklären können. Die Idee, den Entwurf von Systemen und insbesondere den Entwurf von Computersystemen ohne explizite Konstruktion durchzuführen, geht auf die Anfänge des Computerzeitalters zurück. Die Automatentheorie wurde durch von Neumann zunächst eingeführt, um die Frage, inwieweit Automaten neue Automaten entwickeln können, besser diskutieren zu können.

Von Neumann bemerkte dazu [1]: „Today's organisms are phylogenetically descended from others which are vastly simpler than they are, so much simpler, in fact, that it is inconceivable how any description of the later, complex organisms could have existed in the earlier one. But in traditional artificial systems the situation is different: Everyone knows that a machine tool is more complicated than the elements which can be made with it, and that, generally speaking, an automaton A, which can make an automaton B, must have a complete description of B and also rules on how to behave while effecting the synthesis."

Von Neumann besprach Reproduktion anhand seiner Theorie der Zellulären Automaten, war sich jedoch bewußt, daß zwei weitere wichtige Prozesse, nämlich Selektion und Variation, durch dieses Modell nicht hinreichend erklärt werden konnten: „Conflicts between independent organisms lead to consequences which, according to the theory of natural selection, are believed to furnish an important mechanism of evolution. Our models lead to such conflict situations. The conditions under which this motive for evolution can be effective here may be quite complicated ones, but they deserve study."

Die Beobachtung in der belebten Natur, daß einfache Systeme zu komplexeren Systemen werden oder an deren Erzeugung teilhaben, kann in technischen Systemen nach wie vor nicht nachgebildet werden. Dieses Phänomen wird jedoch als einer der Schlüssel zum Verständnis evolutionärer Prozesse gesehen und dient gleichzeitig als Motivation zur Entwicklung der heutigen Forschung auf dem Bereich der technischen Imitation evolutionärer Verfahren.

5.4.1 Zentrale Modelle der künstlichen Evolution

Es gibt heute drei Bereiche auf denen evolutionäre Verfahren angewandt und besprochen werden:

- Genetische (evolutionäre) Algorithmen (GA),

- Genetisches Programmieren (GP) und

- Künstliches Leben – Artificial Life (AL).

Genetische Algorithmen zielen auf die Optimierung vorgegebener Funktionen oder Prozesse. Sie basieren auf dem Fisher-Wright-Modell, welches in der qualitativen Genetik (QG) angewandt wird. Die zu optimierenden Variablen (auch „Gene" genannt) werden durch Zeichenketten (auch „Chromosome") dargestellt. Die Rekombination dieser Variablen geschieht aufgrund des Zufallsmodells von Mendel.

Genetische Programmierung hingegen versucht Programme zu erzeugen, die einen vorgegebenen Satz von Beispielen reproduzieren können. GP benutzt dazu eine Baumstruktur für die genetische Repräsentation und erlaubt komplexe Formeln oder auch Konstanten als „genetisches Material".

Artificial Life versucht noch allgemeiner, ganze Artefakte mit einem Satz von „intelligenten" Verhaltensweisen auszustatten, die in einer vorgegebenen Domäne oder einem Anwendungsfeld Aufgaben zu lösen haben (im einfachsten Fall „zu überleben"). Die dabei verwendeten Methoden konvergieren noch nicht zu einem einheitlichen Modell. Die Beurteilung diesen Feldes kann daher noch nicht hinreichend genau erfolgen. Folgende Darstellung beschränkt sich darum auf Genetische Algorithmen und die Genetische Programmierung.

5.4.2 Bioanaloge Ansätze

Der Bereich der Genetischen Algorithmen kann als Simulation des Fisher-Wright-Modells angesehen werden, welches exzessive in der biologischen Disziplin der qualitativen Genetik angewandt wird. Lange Zeit wurden trotzdem beide Disziplinen fast unabhängig voneinander betrachtet. John Holland, der Erfinder der Genetischen Algorithmen [2], entwickelte daher auch eine eigene Theorie, die für sich in Anspruch nimmt, eine „optimale" Optimierungsmethode darzustellen. Aktuelle Forschung zeigt hier jedoch Gemeinsamkeiten auf und befördert so beide Ausprägungen der gleichen Idee [3].

Genetisches Programmieren setzt ein abstrakteres Evolutionsmodell um, welches in dieser Form nicht direkt in der Natur wiedergefunden werden kann. Desweiteren gibt es auch keine mathematische Theorie, die begründen könnte, warum dieses Verfahren funktioniert bzw. wie gut es funktioniert. Tatsächlich kann selbst eine Überlegenheit beim Vergleich mit zufälliger Suche nicht theoretisch belegt werden.

Trotzdem gibt es in Beispieldomänen experimentelle Resultate, die die Vorteile dieser Technik unterstreichen.

Genetische Algorithmen und Genetisches Programmieren sind im allgemeinen Ableitungen des genetischen Rekombinationsmodells und nutzen keine neueren Erkenntnisse (z. B. aus dem Bereich der molekularen Genetik). Eingeführte Beschleunigungen in den technischen Umsetzungen haben keinerlei Verbindung mit biologischen Vorbildern mehr.

5.4.3   Anwendungen

In Teilen der Ingenieurwissenschaften wird die Simulation der Evolution heute als ein All-Heilmittel gesehen. In dem Bereich „Evolvable Hardware" wird angestrebt, daß der Computer langfristig Chips entwerfen kann, die zu kompliziert für den Menschen sind! Wobei ein Verständnis des Begriffs der „Unverständlichkeit eines Chips" selbst oder der Testbarkeit solcher Systeme noch aussteht.

Naheliegender ist die Perspektive, daß sich eine Interaktion Mensch-Computer entwickeln wird, bei der der Computer mit Mitteln der Evolution einige Alternativen durchspielt und dem Menschen zur Bewertung vorlegt. Solche flexiblen Systeme, die nicht vorprogrammierte Lösungen testen, könnten eine eminente Bedeutung erlangen.

Sehr schnell könnte die künstliche Evolution im Bereich der Virtual Reality Veränderungen bringen. Hier ist man frei von vielen Restriktionen. Es sind Systeme denkbar, die dem Benutzer die Möglichkeit geben, durch Simulation der Evolution seine „eigene Welt" zu entwerfen bzw. entstehen zu lassen. Der gesellschaftliche oder industrielle Nutzen solcher Ansätze bleibt jedoch noch unklar.

Es hat sich gezeigt, daß Genetische Algorithmen sehr gut geeignet sind zur Lösung von verschiedenen Optimierungsproblemen (wie z. B. beim Problem des Handlungsreisenden). Da sie einfacher zu programmieren sind als striktere mathematische Verfahren, erfreuen sie sich großer Beliebtheit bei vielen Anwendungen. Wissenschaftlich ist hieran jedoch nichts Spektakuläres, da es sich herausgestellt hat, daß viele der früher für sehr schwierig gehaltenen Probleme, praktisch gesehen, relativ einfach (und auch von einer Vielzahl von Methoden, die mit genetischen Verfahren nichts zu tun haben) zu lösen sind. Hierunter fällt auch das Problem des Handlungsreisenden.

5.4.4 Diskussion

Obwohl Genetische Algorithmen und Genetisches Programmieren klar von biologischen Prinzipien inspiriert sind, beanspruchen sie heute keineswegs eine realistische Kopie der belebten Natur zu sein. Durch die Betonung der Effizienz und der Geschwindigkeit im technischen Sinne wird die Verbindung zwischen den technischen Implementierungen und dem biologischen Original weiterhin schwächer. Diese Situation könnte sich schlagartig wandeln, sobald von Seiten der theoretischen Biologie und der experimentellen molekularen Genetik neue Erkenntnisse und bessere Modelle verfügbar werden. Das wesentlich durch Zufall gesteuerte Fisher-Wright-Modell könnte dann durch eine umfassendere Theorie ersetzt werden.

Die Diskussion über künstliche und natürliche Evolution sowie eine daraus erwachsende qualitative Theorie der Evolution rankt sich dabei weiterhin um das eingangs durch von Neumann definierte Problem, daß komplexe Strukturen aus einfacheren entstehen. Noch müssen unsere technischen Systeme einen ganz anderen Weg gehen.

Maßgebliche Experten auf diesem Bereich vertreten allerdings z. T. radikal verschiedene Standpunkte:

- Stephen J. Gould geht davon aus, daß die Evolution nicht im üblichen wissenschaftlichen Sinne verstanden werden kann, weil Evolution im wesentlichen historisch bedingt ist. Die Evolution schafft sich die Umgebung selber, in der sie weiter tätig wird.

- Popper hat ein ähnliches Modell vorgeschlagen wie Gould. Er nannte es „aktive Evolution". Die Teilnehmer am Evolutionsspiel gestalten das Spiel aktiv und ändern die Randbedingungen permanent.

- Dawkins („The Selfish Gene" sowie „The Blind Watchmaker") und z. B. Dennet („Concsiousness Explained", „Darwin's Dangerous Ideas") bestärken dagegen, daß das rein zufallsbedingte passive Evolutionsmodell das richtige ist und vollkommen ausreicht.

Zitierte Literatur

[1] von Neumann, J. (1966): The Theory of self-reproducing automata. Urbana, University of Illinois Press.

[2] Holland, J. H. (1975): Adaptation in Natural and Artificial Systems. Ann Arbor, University of Michigan Press.

[3] Muehlenbein, H. (1998): The Equation for Response to Selection and Its Use for Prediction. Evolutionary Computation 5(3), pp. 303 - 346.

5.5 Computer-Immunologie

Betrachtet man das biologische Immunsystem als ein informationsverarbeitendes System, so hat es sehr ähnliche Eigenschaften wie das Zentralnervensystem: Ein- und Ausgabe, Erinnern, Adaptation und Lernen. Doch sind die Mechanismen vollständig andere. Aus diesem Grunde erscheint eine direkte Übertragung in informationstechnische Systeme derzeit viel problematischer als bei Nervensystemen.

Aufgrund des Sprachgebrauchs bei Computersystemen auch von sogenannten Viren zu sprechen, ist es sehr verführerisch, die entsprechenden Schutzmechanismen als Immunsystem zu bezeichnen[29]. Ein sehr guter Überlick über die dabei angewandten Methoden und Metaphern findet sich in [2].

Zum aktuellen Stand ist es jedoch sehr schwierig, eine fundierte Perspektive auf dieses Gebiet zu entwickeln, da eine tatsächliche Anbindung an die Biologie sowie eine Demonstration der Leistungsfähigkeit der vorgeschlagenen Architekturen noch aussteht.

Zitierte Literatur

[1] http://www.av.ibm.com/BreakingNews/Newsroom/ 98-05-19/.

[2] Somayaji, A.; Hofmeyr, S.; Forrest, S. (1998): Principles of a Computer Immune System Department of Computer Science, University of New Mexico, Albuquerque, NM 87131.

5.6 Planungsansätze in der Künstlichen-Intelligenz-Forschung

5.6.1 Hintergrund

KI-Handlungsplanung - wie viele andere KI-Gebiete auch - stand ursprünglich in der Tradition kognitionswissenschaftlicher Arbeiten: Es ging um die Frage, operationalisierbare Modelle des Planungsverhaltens von Menschen zu finden. Beispielhaft für diese Forschungslinie sind die Arbeiten zum General Problem Solver [3]. In

---

[29] So kündigte IBM vor kurzem an, daß „IBM's anti-virus technology, part of the IBM SecureWay comprehensive portfolio of security offerings, has been awarded six patents for inventions, ranging from a neural network that uses artificial intelligence to detect new viruses automatically to the immune system itself. IBM is the first company to develop an immune system that can detect previously unknown viruses, analyze them, and distribute a cure worldwide, all automatically and within minutes of first discovering new viruses." [1]

der Nachfolge der Arbeiten zum Planer STRIPS [4] entwickelte sich die Arbeitsrichtung, die inzwischen allgemein als *„klassische Planung"* bezeichnet wird (Übersichten z. B. in [6][4]) und *die eine klar algorithmische oder formale Sicht des Planens darstellt sowie sich an Anwendungen wie etwa Auftragsplanung und Maschinenbelegung orientiert. Eine „kognitive Relevanz" der entsprechenden Methoden wird in der neueren Literatur nicht mehr in Anspruch genommen.*

Seit Ende der achtziger Jahre tauchen im Planen wieder verstärkt Themen und Fragen auf, die kognitionswissenschaftlich motiviert oder motivierbar sind; Beispiele für solche Themen sind: Situiertheit, Reaktivität, Behandlung von Unsicherheit. Die Frage liegt nahe, ob die Ergebnisse der Planungsforschung zu diesen Themen biologisch oder kognitionswissenschaftlich „belegbar" sind. Doch die Geschichte der klassischen Handlungsplanung scheint sich hier zu wiederholen: Eine kognitionswissenschaftlich motivierte Fragestellung verselbständigt sich und der rein informationstechnische Zugang erbringt Algorithmen und Systeme, die in relevanten Anwendungsfeldern, wie der Steuerung autonomer mobiler Roboter, Erfolg versprechen.

5.6.2 Neuere Arbeiten zur KI-Planung – eine Einschätzung der Biologienähe

An dieser Stelle kann kein inhaltlicher Abriß neuerer Arbeiten zur *„nichtklassischen"* Planung gegeben werden; es sei deshalb verwiesen auf [4] oder eine moderne KI-Lehrbuchdarstellung in [5]. Stattdessen werden drei Linien aktueller Forschungsrichtungen skizziert, die ausgezeichnete Ergebnisse ohne Bezug zur Biologie oder zu den Kognitionswissenschaften erbringen. Auch für diese neueren Ergebnisse fehlen entsprechende Behauptungen oder gar Validierungen gegen empirische Befunde; man sehe sich beispielsweise die Inhaltsverzeichnisse der aktuellen einschlägigen Tagungen an [1][2].

Natürlich kann man nicht sagen, daß die Kognitionsforschung oder Biologie in den technischen oder methodischen Beiträgen der Planungsforschung nicht interessante Aspekte für ihre eigenen Fragestellungen finden könnten. Im Gegenteil - ein Abgleich der Ergebnisse wäre wünschenswert. Dieser Abgleich muß aber den grundsätzlichen Unterschied im Erkenntnisinteresse anerkennen.

Unsicherheit wird mit probabilistischen Verfahren behandelt, die nicht biologisch plausibel sind.

Wie einige andere Teilgebiete der KI verwendet auch die Planung probabilistische Methoden für die Verarbeitung bestimmter Aspekte von Unsicherheit (unvollständige Information, unvollkommene Aktionsausführung). Das erlaubt unter anderem den methodischen Trick, etablierte Verfahren oder Begriffe aus der statistischen Entscheidungstheorie direkt oder in Übertragung zu verwenden. Entsprechend werden in neuerer Zeit Planungsverfahren verwendet, die Markovsche Entscheidungsprozesse (teilweise unter partieller Beobachtbarkeit) realisieren; typischerweise geht es dabei darum, den erwarteten durchschnittlichen Grenznutzen zu maximieren. In der Regel müssen Approximationsverfahren verwendet werden, weil die entsprechenden Berechnungen nicht endlich oder nicht handhabbar sind.

Reaktivität wird außerhalb der Planung in der Agenten-Architektur realisiert.

Im traditionellen Verständnis der KI ist Planung ein Verfahren, das als alleinstehende „Fakultät des Geistes" (engl. *mental faculty*) arbeitet - ebenso wie Sprachverarbeitung, Lernen und andere. Entsprechend setzen „reine" Planungsverfahren nichts darüber voraus, wo ihre Information über die Welt herkommt. Dieses Verfahren funktioniert hervorragend, wenn ein Benutzer den Planer mit Information versorgt und die fertigen Pläne in seiner Welt interpretiert, wie dies z. B. bei der Produktionsplanung derzeit erfolgreich und profitabel geschieht.

Wenn ein Planer bei der Steuerung eines autonomen Roboters mitwirken soll, dann muß es anders gehen. Derzeit ist die Lösung die, das Problem aus dem eigentlichen Planer herauszulösen und in die Kontrollarchitektur des Roboters zu schieben: Es gibt (unter möglicherweise weiteren Komponenten) eine Planungskomponente und eine realzeitfähige Aktionskomponente. Die sensomotorische Rückkopplung, in der die Aktionskomponente läuft, wird auf irgendeine Weise durch einen aktuellen Plan beeinflußt. Der Planer wiederum bekommt auf irgendeine weitere Weise die erforderliche symbolische Umgebungsinformation aus der Sensorik. Als derzeitiges Standardmodell kann eine hierarchische dreischichtige Architektur gelten; mit dem Planer an der Spitze der Hierarchie, der Sensomotorik-Komponente als reaktive Ebene und einer dazwischen vermittelnden mittleren Ebene.

Erweiterungen der Ausdrucksstärke von Planungssprachen sind motiviert durch Methoden oder Anwendungen.

Dort, wo die Planungsforschung primär an Anwendungen orientiert arbeitet, steht bei neueren Arbeiten im Vordergrund, den inzwischen sehr gut verstandenen klassischen Ansatz um Aspekte zu erweitern, die direkt anwendungsrelevant sind. Ein gutes Beispiel dafür ist es, in Handlungspläne von vornherein numerische Zeit einzurechnen, um aus einer Problemspezifikation direkt Ablaufpläne zu erzeugen, wie man sie beispielsweise in der Produktionssteuerung oder Logistik braucht. Das Problem ebenso wie die Lösungen sind eindeutig und bewußt technisch. Weitere Arbeitsfelder mit derselben Charakteristik sind beispielsweise der Bau von Benutzerschnittstellen für Planer und die Wissensakquisition für Planer.

Zusammenfassend kann man feststellen, daß menschliche Planungsfähigkeiten und deren empirische Untersuchung in der Kognitionspsychologie Planen als Teilgebiet der Künstlichen-Intelligenz-Forschung motivierten. Doch werden heute darunter Techniken und Methoden verstanden und sehr erfolgreich angewendet, die ohne jeden Bezug zur Biologie oder Kognitionspsychologie auskommen.

In der Kognitionspsychologie selber werden dagegen Simulationsmodelle des (komplexen) menschlichen Problemlösens und Planens auch mit Hilfe von Repräsentationsformalismen der KI realisiert. Doch haben diese Arbeiten keinen Einfluß auf technische Lösungen von Planungsaufgaben.

Zitierte Literatur

[8]   Simmons, R.; Veloso, M.; Smith, S. (Hrsg.) (1998): AIPS-98. Proc. of the Fourth Int. Conf. on Artificial Intelligence Planning Systems. AAAI Press.

[9]   Steel, S.; Alami, R. (Hrsg.) (1997): Recent Advances in AI Planning. 4th Eur. Conf. on Planning, ECP-97. Springer (LNAI, vol. ,1348).

[10] Ernst, G. W.; Newell, A.: GPS (1969): A Case Study in Generality and Problem Solving. New York: Academic Press.

[11] Fikes, R. E.; Nilsson, N. J. (1971): strips: A New Approach to Theorem Proving in Problem Solving. In: AI Journal, volume 2, pp. 189-208,. In collection: J. Hertzberg, 'Planning', Encyclopedia of Electrical and Electronics Engineering, Wiley, 1999, in press.

[12] Russell, S.; Norvig, P. (1995): Artificial Intelligence: A Modern Approach. Englewood Cliffs, NJ: Prentice Hall.

[13] Weld, D. S. (1994): An Introduction to Least Commitment Planning. AI Magazine, vol. 15, no. 4, pp. 27-61.

5.7   Autonome intelligente Systeme

Der immer größer werdende Bedarf an Autonomie, d. h. Handlungsfreiheit, für Roboter, Raumsonden, Intelligente Gebäude und Software-Agenten erzeugt wissenschaftliche, technische, ökonomische und gesellschaftliche Herausforderungen und Chancen, die in ihrer gegenseitigen Abhängigkeit wahrgenommen werden sollten.

Wissenschaftliche Herausforderung

Autonomie ist die Fähigkeit eines Systems, seine sich entwickelnden Bedürfnisse in einer dynamischen, offenen Umgebung erfüllen zu können. Das wissenschaftliche Ziel besteht darin, die theoretischen Grundlagen weiter zu entwickeln, die erklären, wie Autonomie erreicht oder erweitert werden kann, und basierend darauf informationstechnische Systeme zu realisieren. Die Bedingungen, unter denen ein solches System in einer offenen Umgebung operieren muß, können nie vollständig bekannt sein. Entwickler solcher Systeme können also die Konsequenzen ihrer jeweiligen Entwurfsentscheidungen nicht vollständig vorhersehen. Wenn Systeme auf der Basis von Autonomieprinzipien entwickelt werden sollen, dann muß man diesen ermöglichen, sich selbst zu modifizieren und anzupassen, je nach den Erfordernissen ihrer tatsächlichen Einsatzumgebung; d. h. autonome Systeme dürfen in ihrer Entwurfs- oder Konstruktionsphase nicht vollständig spezifiziert werden.

Gesellschaftliche und ökonomische Bedeutung

Kosten und Nutzen von Autonomie müssen für jede gewählte Anwendung sorgfältig gegeneinander abgewogen werden. Man kann erwarten, daß sich autonome intelligente Systeme rechnen, wenn sie dazu beitragen, bekannte oder vorhandene Anwendungen und Dienstleistungen in ihrer Qualität zu verbessern oder als eine Schlüsseltechnologie für vollständig neue Formen von Anwendungen herangezogen werden.

Gesellschaftliche Herausforderung und Reflexion

Menschen sind es gewohnt, mit natürlichen autonomen und intelligenten Systemen umzugehen, z. B. mit anderen Menschen oder Tieren (wie z. B. Hunden). Während seiner kulturellen Entwicklung lernte der Mensch, Werkzeuge zu nutzen, die die eigenen Fähigkeiten verstärkten und ergänzten. Während der industriellen Revolution lernte der Mensch, wie er Aufgaben und Prozesse automatisieren konnte und delegierte mehr und mehr Arbeit an Maschinen. Insbesondere lernte er, wie die sichere Konstruktion und gewünschte Leistung solcher Maschinen erreicht werden können, wie man ihre Wirkungsweise anderen Menschen erklären kann und wie die Verantwortlichkeiten bei Unfällen oder Mißbrauch verteilt werden. Der Mensch investierte enorme Summen in die Konstruktion, Verteilung, Verwendung und Wartung der daraus entstandenen Netzwerke für Energie, Transport und Kommunikation. Doch für autonome Systeme, physikalische oder virtuelle, stellen sich alle diese Fragen und Probleme von neuem.

Die entstehenden Technologien für autonome Systeme lassen sich auf ein breites Spektrum von Konstruktionen anwenden: Von mobilen Fahrzeugen (auf dem Land, in der Luft, im Wasser und sogar im Weltraum) über örtlich gebundene Konstruktionen wie Fabriken oder Verkehrsinfrastrukturen bis hin zu Organisationen wie Kommunen oder Wirtschaftsunternehmen, die komplexe Informations- und Kommunikationsnetze einsetzen.

5.7.1 Begriffsbestimmung und Vorüberlegungen

Autonome intelligente Systeme zeichnen sich dadurch aus, daß sie aus einer Reihe von Handlungsalternativen in einer gegebenen Situation eine als angemessen auswählen. Darüber hinaus können sie auf unterschiedliche Weise aus ihren Erfahrungen lernen, um ihr Verhalten zu verbessern. D. h. sie können ganz andere Handlungen auswählen, wenn sie später einmal mit einer ähnlichen Situation konfrontiert werden. Dieses Lernen kann unterschiedlich erreicht werden: Durch Anpassen einiger Parameter, durch Erwerben neuer Fakten oder Wissen über einen Anwendungsbereich oder durch verschiedene evolutionäre Prozesse, aus denen heraus Generationen von Systemen entstehen können, die sich einer bestimmten Fitness-Funktion annähern.

Seit Mitte der achtziger Jahre werden unter dem Motto „achieving artificial intelligence through building robots" mit großen Anfangserfolgen Roboter konstruiert. Diese zeichnen sich gegenüber traditionell entwickelten Systemen durch große Robustheit gegenüber Störungen sowie rasche und flexible Reaktionen in Umgebungen aus, die nicht speziell für Roboter geschaffen wurden. Denkbare Anwendungsbereiche werden in Menschen unzugänglichen Umgebungen gesehen (z. B. bei Weltraumexpeditionen, Abwasserkanälen oder unter Wasser).

Zwei Aspekte waren wesentlich für den raschen Erfolg:

- Eine in jeden Einzelfall geschickte Ausnutzung der physikalischen Eigenschaften der Umgebung;
- Die geschickte Auswahl etwa eines Dutzends sogenannter „Verhaltensweisen". Verhaltensweisen sind einfache Reaktionen wie „wenn rechts ein Hindernis vermutet wird, dann reduziere links sukzessive die Motorgeschwindigkeit", die eine direkte Kopplung zwischen Sensoren und Aktuatoren des Roboters herstellen.

5.7.2 Bioanaloge Ansätze

Die Gründe für die Schwierigkeiten, derartige Ansätze weiterzuführen, liegen nur teilweise in der Informatik oder Robotik. Das Hauptproblem ist eine fehlende biologisch begründete Theorie für solche Systeme, und diese ist schwierig zu entwickeln, da es in der Biologie selbst zur Zeit an geeigneten Erklärungsmodellen und -theorien mangelt. Die Ausgangshypothese besteht aus den drei folgenden Annahmen:

1. Es gibt nur einige wenige und einfache Mechanismen, die der Verhaltensorganisation von biologischen Systemen zugrundeliegen und gleichzeitig auf allen

Ebenen der Organisation (z. B. Einzelzelle, Zellverband, Organ insbesondere Gehirn, Individuum) als Prinzip verwendet werden.

2. Die Verhaltensorganisation biologischer Systeme ermöglicht es, den Organismus in einem dynamischen Fließgleichgewicht zu halten. Die Dynamik kommt einerseits aus den typischerweise offenen dynamischen (Realwelt-)Umgebungen und der physischen und psychischen Veränderung des Organismus selbst.

3. Die Kopplung zwischen Innenwelt und Außenwelt eines biologischen Systems erfolgt über einen sogenannten aktiven Rand, d. h. einer eindeutigen physikalischen Begrenzung des Organismus gegenüber der Umwelt, die mit Hilfe von Sensoren und Aktuatoren aktiv auf Innen- und Außenwelt einwirkt. Diese senso-motorische Rückkopplung ist der Schlüssel für eine integrierende Interpretation der vorliegenden Befunde aus der Biologie.

Weltweit gibt es eine zunehmende Kooperation zwischen Biologie, Informatik und Robotik. Biologen haben an Robotern deshalb so großes Interesse, weil mit ihnen die Plausibilität biologischer Modelle leichter untersucht werden kann als an einem Organismus. Valentin Braitenberg spricht von „the difficulties of up-hill analysis and the ease of down-hill synthesis" und hält den Syntheseweg für den einzig gangbaren, um komplexere Lebewesen aus systemischer Sicht verstehen zu können. Informatiker und Robotikingenieure haben großes Interesse, die biologischen Daten, Modelle und Erkenntnisse zu nutzen, da biologische Systeme nach ganz anderen Prinzipien gebaut sind als heutige Roboter (mit einer unvorstellbar großen Fähigkeit zur Adaptation an sich verändernde Umweltbedingungen sowohl in evolutionärem Maßstab als auch während der jeweiligen Lebenszeit eines Individuums).

Eines der herausragenden Beispiele stellen Arbeiten an der Universität Zürich dar, bei denen sehr eng und bereits mehrere Jahre lang zwischen Biologen, die sich mit den Navigationsfähigkeiten von Wüstenameisen beschäftigen, und Informatikern, die Verhaltens-orientierte Roboter entwickeln, kooperiert wird. Für die Biologen stellten die Roboter ein hervorragendes Mittel dar, um die eigenen Erklärungsmodelle überprüfen zu können. Den Informatikern gelang es, ein Navigationssystem für mobile Roboter zu entwickeln, das in seiner Grundkonzeption nicht nur in der Wüste robust und zuverlässig funktioniert, sondern auch z. B. bei Marsexpeditionen genutzt werden könnte.

5.7.3   Defizite

Lebewesen und das biologische Wissen über ihren Aufbau, vor allem der Verhaltensorganisation, dienten dieser Richtung von Anfang an als inspirierende oder zumindest metaphorische Quelle. Dabei stehen die Bewegungskontrolle mit Hilfe Künstlicher Neuronaler Netze oder damit vergleichbarer Modelle komplexer Kinematiken (z. B. bei Laufmaschinen) und die Navigation in wenig strukturierten Umgebungen durch Verhaltensorganisation im Vordergrund.

Komplexere Aufgabenstellungen, z. B. das Sammeln bestimmter Gegenstände, werden mit Hilfe von Gruppen identischer (mobiler) Roboter gelöst. Die Kooperation wird dabei in den wenigsten Fällen durch Kommunikation unterstützt, sondern durch geschickte Abstimmung der Verhaltensweisen in dem individuellen Roboter, der die anderen ansonsten als Objekte oder einfach nur als Hindernisse behandelt. Genetische und evolutionäre Algorithmen werden ausschließlich für die Optimierung vorgegebener Verhaltensweisen verwendet. (Maschinelles) Lernen dient der Exploration großer Suchräume, um in einer sich verändernden Umwelt angemessene Variationen von Standardbewegungsabläufen zu finden.

Die größte Beschränkung findet diese Forschungsrichtung darin, daß die Reichhaltigkeit der Verhaltensweisen auf wenige Dutzend beschränkt bleibt. *Es fehlt an theoretischen und an methodologischen Ansätzen, um die Komplexität und Leistungsfähigkeit von biologisch inspirierten bzw. bioanalogen Robotern signifikant zu steigern.*

Aus den Experteninterviews lassen sich drei Hauptschwierigkeiten identifizieren, die gelöst werden müssen:

1. Während sich biologische Systeme über Wachstum entfalten, werden die heutigen technischen Systeme aus „präformierten" Modulen mit festgelegten Schnittstellen konstruiert. Dies beschränkt die Übertragung des Evolutionsprinzips auf die Systemkonstruktion dramatisch, da dieses nur an den funktionalen Schnittstellen der Module angreifen kann.

2. Ein biologisches System kann prinzipiell lebenslang lernen. Im Gegensatz dazu müssen heutige Lernverfahren vor einem tatsächlichen Robotereinsatz abgeschlossen sein (bis auf marginale Parameteranpassungen z. B. bzgl. der Sensibilität von Sensoren).

3. Biologische Systeme können als informationserzeugende Systeme verstanden werden; im Unterschied zu den heutigen technischen informationsverarbeitenden Systemen, die in Robotern als Kontroll- und Steuerungsprogramme verwendet werden. Organismen scheinen keinen Wert auf objektive Weltmodelle zu legen und sich stattdessen ihre Sicht der Dinge selber zu schaffen. Die über Sensoren erfahrbare Umwelt dient dann lediglich noch der Modulation interner Vorstellungen über das günstigste eigene Verhalten.

5.7.4   Diskussion

Insbesondere in den Abschnitten über dynamische Systeme (Kapitel 5.2) und zu Anwendungsfeldern der Robotik (Kapitel 6.2.1) werden die Möglichkeiten autonomer Systeme diskutiert. Die Theorie der dynamischen Systeme könnte die gemeinsame Sprache werden, in der biologische Sachverhalte und Erkenntnisse formuliert und auf technische Systeme übertragbar werden. Andererseits muß man aus Anwendungssicht immer genau prüfen, ob und in welchem Grad (Handlungs-)Autonomie gefordert, verantwortbar, machbar und bezahlbar ist.

Ein Zugang könnte darin bestehen, die Idee des naturwissenschaftlichen Experimentes auf die Entwicklung autonomer Systeme zu übertragen. Dies ist ein Gedanke, der sonst in der Informatik wenig oder garnicht verfolgt wird. Die definierte Reproduzierbarkeit von Verhalten könnte aber der entscheidende Aspekt sein, um Autonomie in der Praxis akzeptieren zu können.

Weiterführende Literatur

[1]   Beer, R. D.; Chiel, H. J.; Sterling, L. S. (1991): A biological perspective on autonomous agent design. In: Pattie Maes, pp. 169 - 186.

[2]   Maes, P. (Hrsg.) (1991): Designing autonomous agents:Theory and practice from biology to engineering and back. Cambridge: The MIT Press.

[3]   Beer, R. D.; Ritzmann, R. E.; McKenna, T. (1993): Biological neural networks in invertibrate neuroethology and robotics. Academic Press.

[4]   Braitenberg, V. (1986): Künstliche Wesen: Verhalten kybernetischer Vehikel. Braunschweig: Vieweg.

[5]   Brooks, R. (1986): A robust layered control system for a mobile robot. IEEE Journal of Robotics and Automation. pp. 14 - 23.

[6]   Clancey, W. J. (1993): Situated action: A neuropsychological interpretation response to Vera and Simon. Cognitive Science, 17:1, pp. 87-116.

[7]   Clancey, W. J.; Smoliar, S. W.; Stefik, M. J. (Hrsg.) (1994): Contemplating minds. A forum for artificial intelligence. The MIT Press.

[8]   Cruse, H. (1996): Neural networks as cybernetic systems. Thieme Verlag.

[9]   Dautenhahn, K.: Getting to know each other - Artificial social intelligence for autonomous robots. Robotics and Autonomous Systems, 16, pp. 333-356.

[10] Giunchiglia, E.; Kartha, G. N.; Lifschitz, V. (1995): Representing action: Indeterminacy and ramifications. Artificial Intelligence, 95:2, pp. 409-438.

[11] Hanks, S.; Pollack, M. E.; Cohen, P. R. (1993): Benchmarks, test beds, controlled experimentation, and the design of agent architectures. AI Magazine, pp. 17-42.

[12] Hendriks-Jansen, H. (1996): Catching ourselves in the act. Situated activity, interactive emergence, evolution, and human thought. The MIT Press.

[13] Hirose, S. (1993): Biologically inspired robots. Snake-like locomotors and manipulators. Oxford University Press.

[14] Kube, C. R.; Zhang, H.: Collective robotics: From social insects to robots. Adaptive Behavior, 2:2, pp. 189-218.

[15] Maar, C.; Pöppel, E.; Christaller, T. (Hrsg.) (1996): Die Technik auf dem Weg zur Seele. Forschungen an der Schnittstelle Gehirn/Computer. Reinbek: rororo.

[16] Mataric, M. J. (1994): Group behavior and group learning. The MIT Press.

[17] McFarland, D.; Bösser, T. (1993): Intelligent behavior in animals and robots. The MIT Press.

[18] Nourbakhsh, I. R. (1997): Interleaving planning and execution for autonomous robots. Kluwer.

[19] Numaoka, C. (1995): Biologically inspired evolutionary systems. Tokyo: IEEE.

[20] Pfeifer, R.; Brooks, R. A.; Nicoud, J.-D.; Smithers, T.; Steels, L.; Gomi, T. (1995): Practice and future of autonomous agents. NATO Advanced Study Institute, Monte Verita.

[21] Steels, L.; Brooks, R.: The artificial life route to artificial intelligence. Building situated embodied agents. Lawrence Erlbaum.

6 Anwendungsaspekte

Neben einer Abschätzung der wirtschaftlichen Bedeutung biologisch inspirierter IT werden im folgenden zwei exemplarische Anwendungsbereiche dargestellt, die das Innovationspotential bioanaloger IT demonstrieren können.

6.1 Zur wirtschaftlichen Bedeutung

Die internationalen wissenschaftlichen und technologischen Trends im Bereich biologisch inspirierter IT wurden u. a. mit bibliometrischen und patentstatistischen Verfahren analysiert. Die themenbezogene Auswertung der deutschen und japanischen Delphi-Studie sowie die geführten Expertengespräche erlauben teilweise eine Verknüpfung der Technologien mit Anwendungsbereichen.

Die Zahl von Veröffentlichungen im Bereich biologisch inspirierter IT zeichnet sich im Vergleich etwa zum Gesamtdatenbestand der technisch/physikalischen Datenbank INSPEC durch eine wesentlich höhere Entwicklungsdynamik aus. Die große Entwicklungsdynamik in den biologisch inspirierten Teilbereichen macht die zunehmende Bedeutung biologischer Themen in der IT deutlich. Anhand der Zeitreihen der Publikationen lassen sich allerdings deutliche Unterschiede im Beginn der jeweiligen Forschungsaktivitäten erkennen. Während etwa in den Teilbereichen „Fuzzy Logic" und „Künstliche Neuronale Netze" schon seit 1980 bzw. 1988 relativ hohe Publikationsraten nachweisbar sind, haben u. a. die Teilbereiche „Agent Technology", „Genetic Algorithms", „Evolvable Hardware/FPGA" und „DNA-Computing" erst in den letzten fünf Jahren - allerdings mit noch wachsenden Steigerungsraten - nennenswerte Anzahlen an Publikationen erreicht. Auch bereits länger klassifizierte Bereiche wie „Optical Pattern Recognition" und „Robotics/Learning Machines" zeigen in den letzten Jahren eine deutlich gestiegene Aktivität hinsichtlich der Zahl von Veröffentlichungen. Insgesamt ist sowohl bei den Publikationen als auch bei den Patentanmeldungen zu beachten, daß der Bezug zur Biologie im allgemeinen nur durch die jeweilige Begriffswahl ermittelt werden konnte. Aktivitäten, die in direkter Zusammenarbeit mit Bio-/Humanwissenschaftlern durchgeführt wurden, sind daher auf der Ebene der Patentstatistik und Bibliometrie von solchen, die nur metaphorische Bezüge aufweisen, weitgehend nicht unterscheidbar (vgl. Kapitel 2.4.3).

Auf der Basis der Zeitreihen für Publikationen kann der Vergleich mit dem entsprechenden Patentaufkommen Hinweise auf die zeitliche Verzögerung geben, mit der sich Ergebnisse der Forschungs- und Entwicklungsarbeiten in Form von Patenten niederschlagen. In den untersuchten Teilbereichen ist ein überwiegend paralleler Verlauf mit geringer zeitlicher Verzögerung der Forschungs- und Entwicklungsaktivitäten auf der Basis der Literatur- bzw. Patentdaten erkennbar (vgl. *Abbildung 6.1*). Dies weist auf eine enge Verflechtung der Forschungs- und Entwicklungsaktivitäten hin, was für stark wissenschaftsbasierte Bereiche wie die *Bioinformation* typisch ist. Die untersuchten Zeitreihen weisen dabei z.T. in Phasen von weniger als 10 Jahren Dauer eine Abfolge von „science push"- und „demand pull"-Zyklen[30] auf. Die starke Verflechtung beider Aktivitäten unterstreicht die Bedeutung effektiver Rückkopplungen und Wechselwirkungen im Innovationsprozeß. In *Abbildung 6.1* wurde der Teilbereich „Speech Recognition" zur Verdeutlichung gewählt, da hierfür bereits mit Beginn der achtziger Jahre eine ausreichende Datenbasis vorliegt.

Der relativ kurze zeitliche Abstand zwischen Modell und Anwendung bei bioanalogen Technologien ist verständlich, da es sich bislang überwiegend um eine Übertragung biologischer Prinzipien auf Softwarekonzepte handelt, die auf herkömmlicher Hardware laufen.

Abbildung 6.1:   Gegenüberstellung der Publikations- bzw. Patentaktivitäten[31] am Beispiel „Speech Recognition" (eine ähnliche Dynamik zeigt sich u. a. für den Bereich „Optical Pattern Recognition").

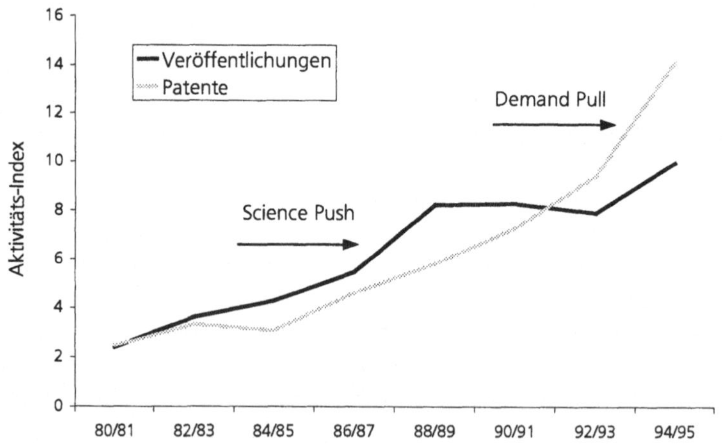

---

[30] Vgl. Meyer-Krahmer, Frieder (1997): Science-based Technologies and Interdisciplinarity: Challenges for Firms and Policy. In: Edquist, Charles: Systems of Innovation. Pinter: London u. Washington

[31] Die Aktivitätsindizes sind so normiert, daß die Flächen unter den entsprechenden Graphen den gleichen Inhalt haben (vgl. Grupp, Hariolf (1997): Messung und Erklärung des Technischen Wandels. Springer: New York u. a.).

Nach Meinung der Experten wird sich die in den letzten Jahren beobachtete Dynamik von Erkenntnissen zu biologisch inspirierter IT auch weiterhin fortsetzen. Die Ergebnisse der Delphi-Auswertung sowie der Expertengespräche weisen darauf hin, daß mittel- bis langfristig die nächste Ausschöpfung des Innovationspotentials bio-/humanwissenschaftlicher Erkenntnisse für die IT zu erwarten ist. Betrachtet man die Verteilung der Realisierungszeitpunkte für biologisch inspirierte Innovationen in der IT, so ergibt sich das in *Abbildung 6.2* dargestellte Zeitfenster.

Abbildung 6.2:   Aggregierte Ergebnisse aus der themenbezogenen Delphi-Auswertung zur Einschätzung der Realisierungszeitpunkte der vorgelegten Thesen[32]. 100 % Ausschöpfung des Innovationspotentials entspricht einer Realisierung aller Thesen zu biologisch inspirierter IT.

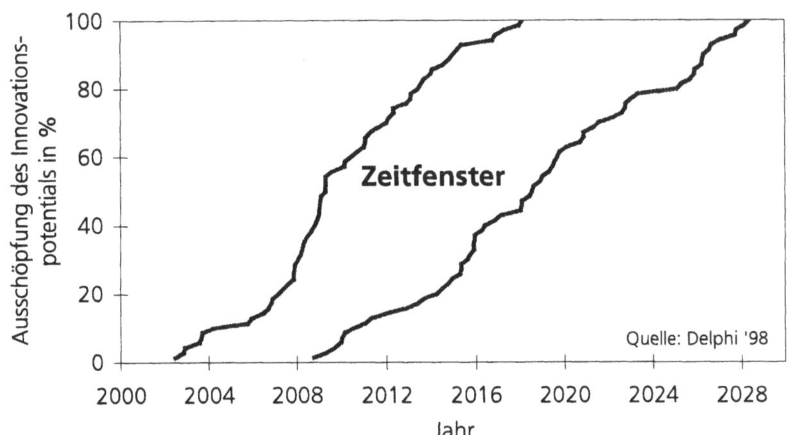

Über 90 % der einzelnen Thesen werden dabei von den Experten als von überdurchschnittlicher Wichtigkeit entweder für die wirtschaftliche Entwicklung oder für die gesellschaftliche[33] Entwicklung bewertet (vgl. *Abbildung 6.3*). Die Perspektiven für zukünftige informationstechnische Systeme beziehen sich dabei auf zwei parallel laufende Entwicklungen:

- IT ersetzt den Menschen in bestimmten Bereichen. Voraussetzung dafür sind autonome technische Systeme (Robotik-Anwendungen);

---

32 Die Ränder des dargestellten Zeitfensters sind durch das untere bzw. obere Quartil der Zeitangaben gegeben.

33 Innovationen, die wichtig für die gesellschaftliche Entwicklung sind, werden mit einer Steigerung der Lebensqualität verbunden. Dazu zählen u. a. Fortschritte in der medizinischen Diagnose und Therapie (z. B. Biosensoren, Implantate) oder eine behindertengerechte Umwelt (z. B. Selbstversorgung durch unterstützende Haushaltsroboter).

- IT erweitert menschliche Fähigkeiten und Kapazitäten durch geeignete Funktionen an der Mensch-Maschine-Schnittstelle.

Derzeit werden überwiegend Softwareaspekte als systembestimmend und limitierend angeführt, so daß beide Entwicklungen auch auf neuen Softwaremethoden aufsetzen müssen.

Zumindest für die nächsten zehn bis fünfzehn Jahre wird andererseits davon ausgegangen, daß die Weiterentwicklungen im Bereich herkömmlicher Hardwaretechnologien auf Halbleiterbasis den wachsenden Ansprüchen Genüge leisten werden. Für darüber hinausgehende Zeithorizonte könnte jedoch Hardware zum wichtigsten limitierenden Faktor in der Entwicklung von IT werden. Schon heute allerdings werden die steigenden Kosten von Chipdesign und –produktion als ernstzunehmendes Problem wahrgenommen. Für bestimmte Anwendungen wie z. B. adaptive Sensorsysteme kann überdies eine Teilverlagerung der Adaptivität von der Soft- auf die Hardware bereits kurzfristig zu insgesamt effizienteren Systemen führen.

Abbildung 6.3:   Wichtigkeit biologisch inspirierter Technologien/Anwendungen für die wirtschaftliche bzw. gesellschaftliche Entwicklung[34].

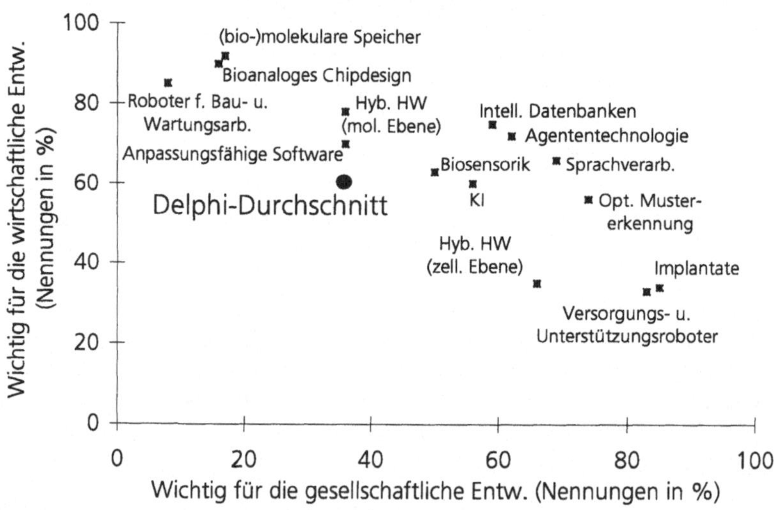

Unter den Hardwaretechnologien mit bioidentischen Elementen werden *(Bio-)molekulare Speicher* und *hybride Hardwareansätze auf molekularer Ebene* in der deutschen Delphi-Studie als weit überdurchschnittlich wichtig für die wirtschaftliche

---

[34] Auf den gesamten Delphi-Bericht bezogen, bewerten durchschnittlich 35 % der Experten die Thesen als wichtig für die gesellschaftliche Entwicklung und 61 % als wichtig für die wirtschaftliche Entwicklung. In der Grafik wird Hardware als HW abgekürzt (Hyb. HW = Hybride Hardware mit bioidentischen Elementen).

Entwicklung betrachtet. Unter letzteren Aspekt fallen Thesen mit Bezug zu DNA-Computing sowie molekularer Elektronik. Bioanaloge Hardwaretechnologien bzw. *bioanaloges Chipdesign* wird den herkömmlichen Basistechnologien an Wichtigkeit gleichgestellt und damit deutlich über den Delphi-Durchschnitt gesetzt. Ebenfalls hervorgehoben sind Methoden, die zu adaptiver, d. h. *anpassungsfähiger Software* führen. Innovationen aus dem Gebiet „Künstliche Intelligenz" (Erkennen von Bedeutungs- und Sinnzusammenhängen) werden nur durchschnittlich bewertet. Dies ist zum einen auf den sehr visionären Charakter der diesbezüglichen Thesen zurückzuführen, was sich sowohl am Zeithorizont als auch an dem außerordentlich hohen Anteil von Expertenurteilen zeigt, die „nie" mit der Realisierung rechnen. Zum anderen kann die Hypothese abgeleitet werden, daß kein besonderer Bedarf an der Kopie komplexer Gehirnleistungen gesehen wird, sondern vielmehr an intelligenten Unterstützungssystemen für die vom Menschen selbst erbrachten kognitiven Leistungen.

Letzteres wird auch dadurch bestätigt, daß unter den Anwendungen an der Mensch-Maschine-Schnittstelle *intelligente Datenbanken* und die *Agententechnologie* als überdurchschnittlich wichtig erachtet werden.

Visionen hinsichtlich autonomer technischer Systeme, die den Menschen in manchen Bereichen ersetzen, werden extrem unterschiedlich bewertet. Während für *Robotik-Anwendungen im Bereich Bau, Wartung und Montage* deutliche Anwendungspotentiale gesehen werden, wird die wirtschaftliche Bedeutung von Versorgungs- und Unterstützungsrobotern im Pflege- und Haushaltsbereich sehr skeptisch beurteilt. Letztere spielen nach Auffassung der Experten allerdings hinsichtlich ihrer Bedeutung für die gesellschaftliche Entwicklung ebenso wie Implantate eine klar überdurchschnittliche Rolle.

Die Hervorhebung einiger FuE-Gebiete durch Auswertung der Delphi-Studie wird durch Aussagen der interviewten Experten bestätigt. Auch der Vergleich mit Ergebnissen der japanischen Delphi-Studie unterstreicht diese Bewertung biologisch inspirierter IT hinsichtlich ihrer wirtschaftlichen Bedeutung (vgl. *Tabelle 6.1*). Allerdings werden über die Delphi-Studien nicht alle relevanten FuE-Gebiete (insbesondere in bezug auf die Mensch-Maschine-Schnittstelle) abgedeckt. Ferner kann die Auswahl an Basiskonzepten in Hard- und Software sowie der Anwendungsbereiche biologisch inspirierter IT in *Tabelle 6.1* hinsichtlich ihrer wirtschaftlichen Bedeutung nur Anhaltspunkte möglicher Marktpotentiale geben.

Trotz der von Experten erwarteten wirtschaftlichen Bedeutung biologisch inspirierter IT ist eine breite industrielle Resonanz bislang ausgeblieben. Genetische Algorithmen, Künstliche Neuronale Netze, einige Robotik-Anwendungen sowie Anwendungen an der Mensch-Maschine-Schnittstelle mit überwiegend metaphorischem Bezug zu bio-/humanwissenschaftlichen Erkenntnissen haben zwar mittlerweile einen Platz in der Forschung und Entwicklung entsprechender Unternehmen; neuere

Ansätze, die sich in direkter Zusammenarbeit mit Bio-/Humanwissenschaftlern fundiert mit dem biologischen Vorbild auseinandersetzen, finden sich allerdings nur vereinzelt (siehe auch Kapitel 7).

Tabelle 6.1: Wichtigkeit der Thesen aus den einzelnen FuE-Gebieten für die wirtschaftliche Entwicklung. Im japanischen Delphi-Bericht war die Wirkung der FuE-Gebiete auf das *socioeconomic development* zu bewerten[35]:

FuE-Gebiet	Japanische Experten	Deutsche Experten
Hardwaretechnologien mit bioidentischen Elementen		
Hybride Hardware auf molekular. Ebene	75	78
Hybride Hardware auf zellulärer Ebene	52	35
(Bio-)molekulare Speicher	88	90
Biosensorik	50	63
Implantate	37	34
Bioanaloge Hardwaretechnologien		
Bioanaloges Chipdesign	90	92
Bioanaloge Software-Konzepte		
Anpassungsfähige Software	74	70
Künstliche Intelligenz	59	60
Robotik-Anwendungen		
Roboter für Bau- und Wartungsarbeiten	80	85
Versorgungs- und Unterstützungsroboter	33	33
Anwendungen an der Mensch-Maschine-Schnittstelle		
Sprachverarbeitung	60	66
Optische Mustererkennung	60	56
Intelligente Datenbanken	80	75
Agententechnologie	69	72
Herkömmliche Halbleitertechnologien		
Prozessortechnologie	93	92
Speichertechnologie	93	100

---

[35] Anzahl der Fälle, in denen die jeweilige Antwort-Kategorie angekreuzt wurde in Prozent.

Neben der potentiellen wirtschaftlichen Bedeutung hängt das industrielle Interesse auch wesentlich vom Stand der Forschung bzw. dem Zeitpunkt der Realisierbarkeit von Anwendungen sowie der zu diesem Zeitpunkt erwarteten Alternativen bzw. der Qualität der Umsetzbarkeit ab:

- *Stand der Forschung*: Biologisch inspirierte IT, insbesondere die in Kapitel 5 besprochenen bioanalogen Ansätze, befinden sich überwiegend in einem frühen Stadium der Erforschung und sind daher noch von einer möglichen applikativen Verwertung entfernt.

- *"(Qualität der) Umsetzbarkeit"*: Neue Technologien auf der Basis neuer Forschungsergebnisse müssen nicht nur machbar sein, sondern auch einen Qualitätsgewinn im Vergleich zu bestehenden Technologien oder aus anderen Forschungsbereichen entspringenden Entwicklungen aufweisen. Künstliche Intelligenz ist ein populäres Beispiel für hoch gesteckte und schließlich nicht erfüllte Ziele, was industrielles Interesse und Engagement erlahmen ließ.

Die Auswahl von Themen, zu denen Anwendungen entwickelt werden könnten, muß sich also an den zwei Dimensionen wirtschaftliche Bedeutung und Zeitpunkt der Realisierbarkeit orientieren. Für die im folgenden dargestellten Anwendungsaspekte wurde als zusätzliches Kriterium die „Ausbaufähigkeit" in Richtung der mittel- bis langfristigen Perspektiven (Kapitel 4 und 5) vorgegeben.

Im Kontext *Bioinformation* unterstützte Anwendungen sollten das Innovationspotential der Bio-/Humanwissenschaften über den metaphorischen Bezug hinaus demonstieren können, sonst kann nicht sinnvoll von einer Ausnutzung des Potentials bio-/humanwissenschaftlicher Erkenntnisse gesprochen werden. Die zwei näher erläuterten Beispiele erheben diesbezüglich keinen Anspruch auf vollständige Abdeckung.

6.2   Beispiele

6.2.1   Robotik

Zu den Bereichen, die von den nächsten Schritten auf den in Kapitel 5 beschriebenen Forschungsgebieten unmittelbar profitieren werden, gehört auch die Robotik. Hier insbesondere die Robotik jenseits hochstrukturierter Werkhallen und Montagestraßen, d. h. Robotik-Anwendungen, die auf eine größere Flexibilität und Adaptation an die aktuelle Umwelt angewiesen sind.

Wissenschaftliche Nahziele

Eine bessere Durchdringung der Probleme, die sich um redundante Kinematiken ranken, könnte von verschiedenen Seiten aus erfolgen. So würde ein besseres Verständnis der Steuerung biologischer Bewegungsapparate vielfältige Möglichkeiten eröffnen, Roboter flexibel in unstrukturierten Umgebungen zu bewegen. Dabei spielt das Verständnis von hochgradig rückgekoppelten Systemen, wie sie in der Natur (auch) an dieser Stelle beobachtet werden, eine zentrale Rolle. Wie in Kapitel 5.2 zu dynamischen Systemen, in Kapitel 5.3 zum Konnektionismus sowie in Kapitel 4 zur Biologie selbst aufgerissen, gibt es dabei viele Verbindungen zwischen der Erweiterung der heutigen Technik und biologischen Vorbildern.

Die Interpretation von Sensordaten in offenen Umgebungen stellt nach wie vor eine große Schwierigkeit dar. Jeder Fortschritt auf diesem Gebiet wirkt sich unmittelbar auf die Möglichkeiten von Robotikanwendungen aus. Sensordateninterpretation geschieht i. a. über den Umweg der Sensordatenvorhersage, d. h. dem Schließen von vorhergehenden Messungen auf die folgenden. Ist dieser Schluß hinreichend erfolgreich, so geht man davon aus, daß die Charakteristika der Sensordaten hinreichend gut 'verstanden' sind und somit eine tragfähige Interpretation vorliegt. Bei der Sensordatenvorhersage werden z. B. Hidden-Markov-Modelle eingesetzt, die keinerlei biologische Vorbilder haben, aber auch zunehmend rekurrente Netze, die sich auf biologischen Erkenntnissen sowie auf der Theorie dynamischer Systeme abstützen.

Anwendungsnutzen

Das Feld der teilautonomen Systeme, bei denen die genannten Fortschritte zum Tragen kommen würden, ist ausufernd weit und umfaßt schlicht alle eingebetteten Systeme (engl. *Embedded Systems*), die in komplexen, vom Menschen geprägten Umgebungen eingesetzt werden. Darunter fallen z. B. alle technischen Verkehrsmittel, aber auch physische Unterstützungssysteme, z. B. für Behinderte oder im Bausektor. Autonome Systeme, die ihre Aufgaben gänzlich ohne menschliche Interaktion verrichten, profitieren in gleichem Maße.

Um die Möglichkeiten etwas spezifischer zu fassen, seien hier zwei Beispiele herausgegriffen, die in mittelfristigem Zeithorizont zum Einsatz kommen werden.

Zunächst eine Perspektive der *teilautonomen Systeme*: Während kreative Arbeitsplätze sich im letzten Jahrzehnt radikal gewandelt haben, gibt es bei den physischen Unterstützungsystemen, wie sie zum Beispiel beim Hoch- oder Tiefbau eingesetzt werden, nur marginale Veränderungen. Eine Großbaustelle gestaltet sich in Bezug auf den einzelnen handwerklichen Arbeitsplatz seit langer Zeit nahezu identisch. Systeme, die hier Unterstützung leisten, könnten zu einer großen körperlichen Entlastung sowie zu einer Erhöhung der Arbeitssicherheit führen. Heute scheitern diese Bestrebungen an der Unstrukturiertheit der Umgebungen bzw. anders ausgedrückt an der Inflexibilität der heutigen technischen teilautonomen Systeme. Das Verständnis von komplexen und redundanten Kinematiken würde hier Transport- und Montagesysteme ermöglichen, die die Baustellen des nächsten Jahrzehntes signifikant verändern würden.

Als ein Beispiel aus dem Bereich der *autonomen Systeme* seien hier autonome Unterwasserfahrzeuge (engl. *Autonomous Underwater Vehicles* oder *AUV*) vorgestellt. Das Feld der Anwendungen läßt sich anhand einiger der angestrebten Fähigkeiten solcher Fahrzeuge aufzeigen:

- *Suchen*: Gesucht wird nach einzelnen wichtigen Einheiten (wie z. B. der „Blackbox" eines abgestürzten Flugzeugs), nach gefährlichen Gegenständen (wie z. B. nach toxischem, oft vor vielen Jahren versenktem Müll), ganzen Schiffen, aber natürlich auch nach Ressourcen, deren Abbau unter Wasser näherrückt und teilweise schon begonnen hat.

- *Exploration/Kartierung*: In tieferen Schichten sind nach wie vor unvorstellbar große Gebiete völlig unerforscht.

- *Beobachtung*: Längerfristige Meßeinrichtungen, die in verschiedenen Meerestiefen frei schwimmend operieren, wären z. B. im Umweltschutz oder in der globalen Klimaforschung von tragendem Nutzen.

- *Inspektion*: Technische Einrichtungen müssen regelmäßig überprüft werden. Dies geschieht heute in tieferen Schichten nur mit größtem Aufwand oder einfach gar nicht.

Diese Liste ließe sich noch deutlich erweitern (z. B. durch das weite Feld der Menschenunterstützungssysteme), was im Rahmen der Studie jedoch zu weit führen würde. Statt dessen seien zwei konkretere Szenarien dargestellt.

Suche nach gefährlichen Objekten: Während einer langen Zeit der Ignoranz oder mangelnden Wissens wurden Unmengen von gefährlichen Gegenständen, wie z. B. ganze Atomreaktoren oder giftige Abfälle aus militärischen oder industriellen Quellen im Meer versenkt. Heute wüßte man zumindest gern, wo sich diese Gegenstände befinden (oft existieren keine Unterlagen mehr oder Strömungen und bei der Versenkung unbekannte Bodenformationen sorgten für weiteren Transport). Eine koordinierte Suche, die nennenswerte Flächen auch in größerer Tiefe abdeckt, kann nur von vielen autonomen Einheiten durchgeführt werden.

Sammlung globaler Klimadaten: Während sich die Modelle der globalen Klimasimulationen auf ein Netz von Messungen stützt, welches wesentlich von optischen Instrumenten auf Satelliten herrührt, ist man sich bewußt, daß die inneren Vorgänge in den Ozeanen ebenfalls einen tragenden Einfluß haben. Leider sind die Möglichkeiten der Datenerfassung hier nach wie vor sehr unvollständig. Viele freitauchende Einheiten, die über eine längere Zeit die erforderlichen Daten sammeln, sind aktuell die einzige Alternative. Diese Möglichkeit wird zum Beispiel in den USA bereits diskutiert und könnte eines der Leitprojekte der betreffenden Abteilung am MIT in Cambridge werden.

Abschließend sei zu den genannten Szenarien noch hinzugefügt, daß es sich hier um Bereiche handelt, die für die Forschung, die Industrie und die Gesellschaft gleichermaßen von großem Interesse sind. Siehe [1] für eine Übersicht weltweiter Aktivitäten zu AVVs.

Literatur

[1]   http://www.gmd.de/People/Uwe.Zimmer/Lists/ AUVs.html.

6.2.2   Neurokognitive Ergonomik

Ergebnisse der biologischen Wissenschaften, insbesondere der Neuro- und Kognitionswissenschaften, und Überlegungen aus der Evolutionstheorie, lassen sich für eine Verbesserung der Mensch-Maschine-Schnittstelle heranziehen.

Ein Leitmotiv aller biologischen Forschung ist das bessere Verständnis der sensomotorischen Kopplung. Jeder Organismus, vom Einzeller bis zum Menschen, ist hinsichtlich der Informationsverarbeitung durch dieselben Prinzipien gekennzeichnet: Über selektiv evolvierte Rezeptoren wird Information aus der Umwelt oder aus dem Organismus aufgenommen: Diese wird bearbeitet, indem sie für längere Zeit verfügbar gehalten wird (z. B. in spezifischen Speicher- oder Gedächtnissystemen). Sie wird bezüglich ihrer Nützlichkeit für den Organismus zu einem gegebenen Zeitpunkt bewertet, und sie wird für die Steuerung der Effektoren genutzt, so daß Bewegungen initiiert und ausgeführt oder die inneren Organe reguliert werden können. Damit die Informationsverarbeitung in diesem sensomotorischen Bogen zielorientiert ablaufen kann, sind einige logistische Randbedingungen erforderlich, die den Organismus handlungsfähig machen. Bei mehrzelligen Organismen mit Nervensystemen muß eine Mindestaktivation (eine Grundaktivität) vorhanden sein, damit überhaupt Informationsverarbeitung geschehen kann, und es muß eine Koordination, insbesondere eine zeitliche Koordination, der Aktivitäten in den verschiedenen Strukturen vorgenommen werden.

Diese Grundbedingungen organismischer Informationsverarbeitung müssen auch bei jeder Implementierung einer Mensch-Maschine-Schnittstelle berücksichtigt werden. Benutzerfreundlichkeit heißt, daß ingenieurtechnische Lösungen gefunden werden, bei denen die Maschinenseite an die menschliche Informationsverarbeitung angepaßt wird; zumindest muß die Informationsverarbeitung "anstrengungslos" ermöglicht werden. Als Beispiel sei das Autofahren gewählt: Information muß in verschiedenen sensorischen Kanälen aufgenommen und integriert werden. Die visuelle Informationsverarbeitung muß für unterschiedliche Beleuchtungsbedingungen (photopische vs. skotopische Adaptation) und für unterschiedliche retinale Bereiche (zentrales vs. peripheres Sehen) verstanden und technisch berücksichtigt werden. Verschiedene Aufmerksamkeitssysteme (selektive vs. verteilte Aufmerksamkeit) werden eingesetzt, um in einer "top-down-Steuerung" wichtige von unwichtiger Information zu trennen; dies legt ein bestimmtes lay-out der Panels nahe, die den Systemzustand der Maschinenseite repräsentieren.

Damit dies funktioniert, werden im sensomotorischen Bogen Gedächtnis- und Bewertungsysteme abgefragt. Motorische Programme werden entworfen, die üblicherweise implizit bleiben, doch erfordern manche Situationen den expliziten Eingriff. Dies bedeutet, daß das Verhältnis impliziter vs. expliziter Informationsverarbeitung auf der biologischen Seite verstanden und auf der Maschinenseite berücksichtigt werden muß. Damit diese Funktionen angemessen ausgeführt werden können, muß ein Mindestniveau von Aktivation oder Vigilanz gegeben sein. Da dieses Niveau z. B. tagesperiodisch schwankt, ist es naheliegend, automatische Systeme zur Aktivationsmessung einzuführen, die den Fahrer gegebenenfalls bei Aktivationsabnahme warnen. Die temporale Informationsverarbeitung bringt es mit sich, daß die Fahrzeugkontrolle antizipativ vorgenommen wird, so daß für jeweils kurze Zeitintervalle Fahrttrajektorien vorprogrammiert werden; diese Weise menschlicher Informationsverarbeitung wird bisher technologisch nicht ausgebeutet.

Aus dem Gesagten ergibt sich also eine Vielzahl von Handlungsoptionen, die für eine bessere Gestaltung der Mensch-Maschine-Schnittstelle herangezogen werden können. Bei der technischen Ausarbeitung dieser Schnittstelle läßt sich überdies ein evolutionäres Prinzip berücksichtigen. Von der Industrie werden bisher dem Käufer technische Optionen bereitgestellt, so daß der zukünftige Fahrer in die Zukunft hineinprojizieren muß, was für ihn technisch interessant sein könnte; diese Entscheidungen beruhen üblicherweise auf vergangenen Erfahrungen. Dieses Entscheidungsprinzip führt für den Fahrer nicht immer zu einem befriedigenden Ergebnis, und es ist für die Ingenieursseite aufwendig.

Zur Verbesserung dieser Situation läßt sich an das Selektionsprinzip denken, das evolutionäre Prozesse kennzeichnet und nicht vergangenheits- sondern zukunftsorientiert ist: Fahrzeuge (allgemein: für Menschen entwickelte Technologien) sollten mit einem "Zuviel" an technologischen, insbesondere IT-Möglichkeiten ausgestattet werden, und der Fahrer adaptiert sich an die technologischen Möglichkeiten gemäß seiner individuellen Bedürfnisse; vorausgesetzt ist hierbei natürlich eine technologische Grundversorgung, die nicht unterschritten werden kann. Das evolutionäre Prinzip befreit von technologischen Sonderwünschen bei der Herstellung von Produkten.

Dieses praktische Beispiel wurde auch deshalb gewählt, weil trotz aller technologischen Fortschritte in diesem sehr wichtigen Sektor des Marktes noch viele Optionen offen sind, die sich aus einer intelligenteren Berücksichtigung der menschlichen

Informationsverarbeitung ergeben. Im Prinzip gelten diese Gedanken allerdings für alle Schnittstellen "Mensch-Maschine". In der allgemeinen *Neurokognitiven Ergonomik* kommen aber noch weitere, vor allem psychologische Sachverhalte hinzu, die zu berücksichtigen sind.

Die größte Herausforderung in der Zukunft ist vielleicht der Umgang mit der Information im Internet. Hier muß gefordert werden, daß die bereitstehende Information für den Nutzer sowohl technisch angenehm (Bildschirm-Technologie) als auch semantisch befriedigend verfügbar gemacht wird. Ein weiterer Bereich der Neurokognitiven Ergonomik bezieht sich auf Senioren und solche mit Handicaps. Die demographischen Entwicklungen bewirken, daß immer mehr Senioren in unserer Gesellschaft leben. Für diese sind Mensch-Maschine-Schnittstellen zu schaffen, die ein würdiges Leben ermöglichen. Augenblicklich scheint es so zu sein, daß offenbar junge Ingenieure implizit davon ausgehen, daß alle Menschen die gleiche Funktionskompetenz mitbringen. Dem ist natürlich nicht so; die genannten Komponenten im sensomotorischen Bogen unterliegen Veränderungen im Alter und können selektiv z. B. bei Patienten mit Störungen des Gehirns beeinträchtigt sein. Ein weiteres Beispiel sind digitale Anzeigen im Auto, die meist nicht lesbar für alterssichtige Fahrer sind. Hier kommt der IT auch eine gesellschaftliche Bedeutung zu, nämlich die, ältere Menschen in unserer Gesellschaft und jene mit Beeinträchtigungen ihrer Funktionskompetenz bezüglich der Verfügbarkeit von Information, Wissen und Kommunikation zu integrieren.

7 Internationale Forschungsaktivitäten und Fördermaßnahmen

Die Aktualität des Themas biologisch inspirierter IT bzw. der *Bioinformation* im speziellen und die Entwicklungsdynamik diesbezüglicher Forschung war in allen Ländern wahrzunehmen, in denen Expertengespräche geführt wurden. Neue Förderprogramme, z.T. mit massivem Einsatz finanzieller Mittel, werden angestoßen, und der Wissenstransfer zwischen den Bio-/Humanwissenschaften und den physikalisch/technischen Wissenschaften intensiviert sich u. a. sichtbar an der Zahl neuer Konferenzen und Workshops. Allerdings wird bislang nach Auskunft der Experten weder in der öffentlichen Forschungsförderung noch im industriellen Bereich auf Konzernebene der Gesamtthematik durch eine Rahmenstrategie Rechnung getragen. Die Aktivitäten verteilen sich jeweils mit unterschiedlichen Schwerpunkten auf die einzelnen Aspekte biologisch inspirierter IT bzw. IT-relevanter Themen in der bio-/humanwissenschaftlichen Grundlagenforschung.

Durch die zum Teil erst seit wenigen Jahren bestehenden Forschungstrends hat sich bislang weder in den Bio-/Humanwissenschaften selbst noch in den anwendungsorientierten Forschungsaktivitäten biologisch inspirierter IT eine einheitliche Begrifflichkeit etabliert. Dies und die unterschiedliche Zusammenfassung von Teilbereichen innerhalb von Förderprogrammen erschwert eine systematische Gegenüberstellung der nationalen Förderaktivitäten. Insbesondere die Konkordanz von Arbeitsgebieten in den Bio-/Humanwissenschaften (z. B. Literaturklassifikation) mit den anwendungsorientierten Aktivitäten hinsichtlich der IT (z. B. Patentklassifikation) ist nur ansatzweise herzustellen[36]. In Anbetracht der strategischen Bedeutung des Themas *Bioinformation* ist für eine angemessene Systematik eigener Forschungsbedarf vorhanden. Eine funktionale Gliederung biologischer Erkenntnisse kann als erster Schritt in diese Richtung aufgefaßt werden.

Da die überwiegende Zahl der identifizierten Förderprogramme, die auf biologisch inspirierte IT abzielen, erst seit wenigen Jahren laufen und gegenwärtig nur in wenigen Fällen abgeschlossen sind, ist eine Beurteilung der Wirkungen noch nicht möglich. Vereinzelte „success stories" sind keine ausreichende Basis für eine differenzierte Beurteilung der Effizienz und Effektivität der eingesetzten Förderinstrumente. Im Rahmen der Expertengespräche wurden allerdings konkrete Defizite bestehender Förderpolitiken genannt, auf die unter den Hemmnissen in Kapitel 8 Bezug genommen wird.

---

[36] Vgl. zur generellen Konkordanz-Problematik zwischen Wissenschaft und Technik: Grupp, Hariolf (1997): Messung und Erklärung technischen Wandels. Springer: Berlin u. a.

Nachfolgende Zusammenstellung der internationalen Aktivitäten unterstreicht die jeweilige Bedeutung, die biologisch inspirierter IT insgesamt beigemessen wird. Eine durchgängige Trennung der anwendungsorientierten Aktivitäten in die drei Teilaspekte:

(1) Nutzung bioidentischer Funktionselemente in der IT,

(2) bioanaloge Technologien durch Übertragung biologischer Prinzipien oder Architekturen – dem Kernbereich der *Bioinformation*,

(3) nutzeradäquate Technologien an der Mensch-Maschine-Schnittstelle,

war im Rahmen dieser Studie nicht möglich, da häufig mehrere Aspekte gleichzeitig durch ein Programm adressiert werden. Dazu wäre zumindest teilweise eine Analyse auf Projektebene notwendig. Dies gilt ebenfalls für eine Differenzierung der Aktivitäten nach der jeweiligen Rolle, die Biologen bzw. die bio-/humanwissenschaftliche Grundlagenforschung spielen. Die potentiell IT-relevanten Aktivitäten in der bio-/humanwissenschaftlichen Grundlagenforschung selbst wurden – sofern durch die Projekt-/Programmbeschreibung möglich – nach den untersuchten Subsystemen (sensorisches System, Nervensystem etc.) bzw. Grundprozessen/-funktionen (Morphogenese, Kommunikation/Sprache etc.) unterschieden.

7.1   Deutschland

Abbildung 7.1:   Die deutsche Forschungslandschaft 1997 (Quelle: ISI 1998).

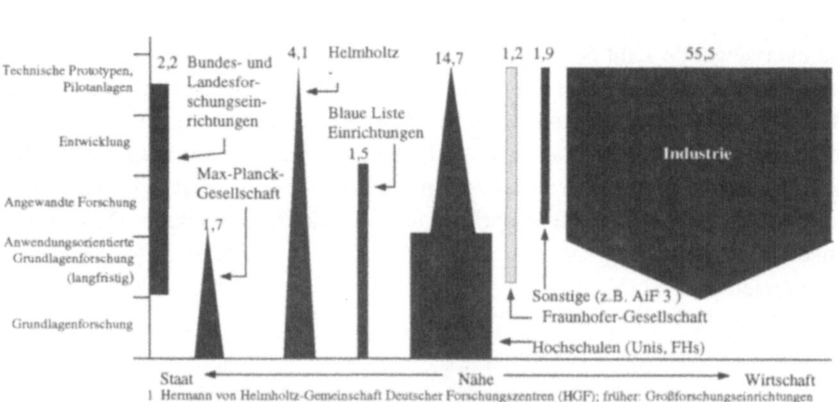

Abbildung 7.1 zeigt die generelle Struktur der deutschen Forschungs- und Entwicklungslandschaft. Entlang der horizontalen Achse sind die FuE-Institutionen entsprechend ihrer wichtigsten Finanzierungsquellen angeordnet, entweder aus der öffentlichen Hand oder von privater Seite. Die vertikale Achse stellt den Typ der vorwiegend ausgeführten Forschung und Entwicklung dar: Von der Grundlagenforschung über die angewandte Forschung und (experimentelle) Entwicklung bis zu technischen Prototypen. Die Größe der Flächen zeigt die Höhe des jeweiligen Gesamtbudgets auf.

DFG-Förderung

Anhand des Jahresberichtes[37] der DFG 1997 wurde untersucht, in welchem Ausmaß sich Schwerpunktprogramme, Forschergruppen, Sonderforschungsbereiche, Graduierten- und Innovationskollegs aus dem Förderungsprogramm der DFG mit dem Thema biologische Prinzipien der Informationsaufnahme, -codierung, -übertragung, -verarbeitung und -speicherung befassen. Erwartungsgemäß überwog hierbei die Grundlagenforschung mit meist medizinischer und nur selten informationstechnischer Motivation. Insgesamt hat die DFG bio-/humanwissenschaftliche Forschung, die prinzipiell relevant für die *Bioinformation* ist, 1997 mit ca. 250 Mio. DM gefördert. Unter allen von der DFG-geförderten Aktivitäten der oben genannten fünf Typen[38] entspricht dies einem Anteil von ca. 20% (sowohl personell als auch finanziell). *Tabelle 7.1* gibt eine weitere Aufschlüsselung dieses Gesamtbudgets[39] auf folgendermaßen klassifizierte Teilgebiete:

„Sensorisches System": Zu diesem Thema gab es 1997 zehn DFG-Projekte, die sich überwiegend mit neuronalen Mechanismen bei Wahrnehmungsprozessen beschäftigen; teilweise ganz allgemein und teilweise anhand eines speziellen Sinnesorganes. Ähnlich wie beim Bereich Nervensystem (s. u.)fällt auf, daß vielfach versucht wird, die biologischen Prozesse auf einer abstrakten, mathematischen Ebene zu beschreiben und sogar mit technischen Sensorsystemen zu vergleichen. Das Thema hat einen Anteil von ca. 5% an den gesamten Fördermitteln der *Bioinformation.*

„Morphogenese/zelluläre Kommunikation": Forschungsprojekte zu diesem Thema untersuchen die Veränderung, Adaptation und Spezialisierung von Zellen aufgrund der auf sie einwirkenden Umgebung und damit letztlich die Entstehung eines multizellulären, anpassungsfähigen Organismus. Schwerpunkte sind Mechanismen der zellulären Informationsverarbeitung, der Zelldifferenzierung und -spezialisierung,

---

37 Deutsche Forschungsgemeinschaft (1997): Jahresbericht 1997, Band 2 Programme und Projekte, Geschäftsstelle Bonn

38 Vom Budget der DFG insgesamt, das 1997 2040,9 Mio. DM betrug, sind dies etwa 12,5 %.

39 Auf dieses Gesamtbudget wird im folgenden als „gesamte Fördermittel zur *Bioinformation*" bezug genommen.

sowie des Informationsaustausches zwischen Zelle und Umgebung. Es handelt sich überwiegend um reine Grundlagenforschung ohne Nennung einer Anwendungsmöglichkeit. Dieses Thema hat mit ca. 40% einen erheblichen Anteil an den gesamten Fördermitteln der *Bioinformation*.

„Evolutionäre Systeme/Genetik": Die Forschungsprojekte dieses Teilgebietes befassen sich mit genetischen, molekularen und evolutionären Prinzipien und Prozessen, also der langfristigen Speicherung von biologischer Information. Die Schwerpunkte liegen beim Aufbau und der Entschlüsselung von Genen, sowie den Mechanismen der Merkmalsausprägung. Einige Projekte untersuchen außerdem die Variationen innerhalb natürlicher Tierpopulationen und die daraus resultierenden evolutionären Veränderungen. Derartige Forschungsaktivitäten haben einen Anteil von ca. 10% an den gesamten Fördermitteln der *Bioinformation*.

„Immunsystem": Die für die *Bioinformation* relevanten DFG-Projekte zum Immunsystem untersuchen überwiegend die Mechanismen der Zellerkennung und –aktivierung. Außerdem werden Toleranz und Robustheit des Systems geprüft, was zwei wichtige Kriterien bei einer ingenieurmäßigen Auswertung sind. Insgesamt gibt es jedoch zum Thema Immunsystem nur wenige relevante Arbeiten. Das Thema Immunsystem besitzt einen Anteil von ca. 7% an den gesamten Fördermitteln der *Bioinformation*.

„Endokrines System": Die Projekte zum Endokrinen System befassen sich mit hormonellen Signalketten, deren Auslösung und Wirkung sowie mit Regelungsprozessen des gesamten Systems. Hierbei werden überwiegend molekulare Details untersucht. Weder medizinische noch technische Anwendungsmöglichkeiten werden genannt; es handelt sich also um reine Grundlagenforschung. Das Thema Endokrines System umfaßt einen Anteil von ca. 10% an den gesamten Fördermitteln der *Bioinformation*.

„Nervensystem": Die zahlreichen Projekte zum Bereich Nervensystem reichen von der grundlegenden Erforschung der Funktionsweise von Nervenzellen und der Signaltransmission über die kognitive Entwicklung bis hin zu Entscheidungsprozessen und neurobiologischen Aspekten des Verhaltens. Gerade bei diesem Themenbereich zielen einige Fragestellungen darauf ab, abstrakte und formale Modelle über kognitive Prinzipien und das Verhalten neuronaler Netze zu gewinnen. Dies ist eine Grundlage für die Implementierung in der Informationsverarbeitung. Das Thema Nervensystem hat einen Anteil von ca. 17% an den gesamten Fördermitteln der *Bioinformation*.

„Orientierung/Sensomotorik": Zu diesen Themen gibt es jeweils nur zwei relevante Projekte. Sie beschäftigen sich mit der Raumorientierung und den sich bei einem autonomen Laufen abspielenden Prozessen (ca. 3 % an den gesamten Fördermitteln der *Bioinformation*).

„Kommunikation/Sprache": Unter den DFG-Projekten 1997 gibt es immerhin 15 zum Thema Kommunikation/Sprachforschung. Die einzelnen Fragestellungen sind sehr weit gestreut und reichen von der Entstehung von Kommunikationsformen über Ökonomie und Komplexität der Sprache bis hin zu Untersuchungen der Computerlinguistik. Der direkte Bezug zur IT besteht bei ungefähr der Hälfte der Projekte. Häufiger Forschungsgegenstand ist auch die Verknüpfung von Sprache und Logik. Das Thema hat einen Anteil von ca. 6% an den gesamten Fördermitteln der *Bioinformation.*

Tabelle 7.1:   IT-relevante DFG-Aktivitäten in der bio-/humanwissenschaftlichen Grundlagenforschung anteilig zu verschiedenen Teilgebieten.

Bereich	**Projektzahl**	**Anzahl der Mitglieder**	**Förderung im Mittel seit**	**Förderung 1997**
Sensorisches System	10	221	4 Jahren	12,8 Mio. DM
Morphogen./zell. Komm.	67	1166	4 Jahren	99,8 Mio. DM
Evolutionäre Syst./Genetik	15	195	5 Jahren	26,7 Mio. DM
Immunsystem	10	191	6 Jahren	18,2 Mio.DM
Endokrines System	15	324	4 Jahren	25,3 Mio. DM
Nervensystem	32	542	4 Jahren	41,5 Mio. DM
Orientierung/Sensomotorik	4	30	4 Jahren	8,0 Mio. DM
Kommunikation/Sprache	15	204	4 Jahren	15,8 Mio. DM
insgesamt	168	2873	$\varnothing \approx$ 4 Jahren	248,1 Mio.DM

Aktivitäten der MPG

Die bio-/humanwissenschaftlich orientierten Institute der MPG befassen sich in herausragender Weise mit Themenstellungen, die einen impliziten Bezug zur Informationsverarbeitung in biologischen Systemen haben[40]. Dennoch haben die Arbeitsgebiete mehrheitlich keinen direkten und expliziten Bezug zur Informationstechnik.

Über die Aktivitäten der einzelnen Institute hinaus sind Projekte mit Psychophysik-Experimenten im Internet, einer maschinellen Analyse und Synthese von Gesichtsbildern und einer kompletten molekulargenetischen Analyse des Chromosoms 21 zu erwähnen[41].

---

[40] U. a. folgende Institute wären hier zu nennen: MPI für Biochemie (Martinsried), für Biophysik (Frankfurt/Main), für biophysikalische Chemie (Göttingen), für Entwicklungsbiologie (Tübingen), für molekulare Genetik (Berlin), für Hirnforschung (Frankfurt/Main), für biologische Kybernetik (Tübingen), für Neurobiologie (Martinsried).

[41] Vgl. Wolke 1998: *Bioinformation* in den wissenschaftlichen Forschungseinrichtungen Deutschlands – Eine Übersicht, BMBF/DLR, Bonn/Köln, im Mai 1998.

Ferner fördert die MPG Projekte zur Untersuchung der Wahrnehmung und des Verhaltens beim Fahren und der Objekterkennung und Szenenanalyse, die beide mit Möglichkeiten und Methoden der Virtuellen Realität arbeiten. Auch die Untersuchung von Mechanismen zur Navigation, wie Hindernisvermeidung, Zielanfahrt und Pfadplanung, die Einsatz in der Robotik finden, fallen in diesen Bereich.

Aktivitäten der FhG

Für die Einteilung der Aktivitäten der FhG wurde eine Klassifikation gewählt, die auf technischer Seite den Themen entspricht, die für die Einteilung der bio-/humanwissenschaftliche Grundlagenforschung im Rahmen der DFG-Aktivitäten herangezogen wurden[42] (siehe auch *Tabelle 7.2*).

Tabelle 7.2:   FhG-Projekte zu biologisch inspirierter IT

Bereich	An-zahl	durch-schnittl. Laufzeit in Jahren	Budget
Sensorische Systeme	8	2,7	3.5 Mio. DM *
Evolutionäre Systeme	1	1,5	0,14 Mio. DM
Nervensystem/Neuroprothetik	3	4	k. A.
Sensomotorik/autonome Systeme	1	3	k. A.
Kommunik.- und Informationssysteme	3	2	2,4 Mio. DM *
insgesamt	16	2,6	6.1 Mio DM *

* Die Summe stellt wegen unvollständiger Daten eine untere Grenze dar.

„Sensorische Systeme": Die FhG beschäftigt sich u. a. mit aktiven Sehsystemen und Retina-Implantaten.

„Evolutionäre Systeme": Unter den FhG-Aktivitäten findet sich hierfür nur ein Projekt. Dieses befaßt sich mit dem Thema 'Evolutionsstrategien/genetische Algorithmen' als Lösungsansatz für technische Fragestellungen.

„Nervensystem/Neuroprothetik": Die Forschungsprojekte zum Thema Nervensystem untersuchen Biointerfaces in der Neuroprothetik sowie pulscodierte Künstliche Neuronale Netze. Als weitere große Aktivität im Zusammenhang mit Implantaten sei noch die Entwicklung von Silizium-Chips mit Vielfach-Elektrodenstrukturen und deren Integration in übliche Herzkatheter zu erwähnen.

---

42 Grundlage der Auswertung: Ebenda.

„Sensomotorik/autonome Systeme": In diesem Bereich wird schwerpunktmäßig das Thema 'Robotik' behandelt. Die Forschungsarbeiten der FhG umfassen nur ein Projekt in diesem Bereich. Es handelt sich hierbei um die Entwicklung Neuronaler Netze für einen sensorisch geführten Roboter.

„Kommunikations- und Informationssysteme": Die Projekte, die in den Bereich der Kommunikation und Information gehören, behandeln hauptsächlich Themen der virtuellen Realität und der Simulation. Hierunter fällt die Entwicklung eines 'Virtual Plane', ein tischähnliches Ausgabesystem, welches speziell für Anwendungen konzipiert wurde, die gewöhnlich an Werkbänken, Tischen oder Präsentationsebenen durchgeführt werden, sowie die virtuelle Simulation und Behandlung über telematische Anwendungen in der klinischen Radioonkologie. Sogar die Entwicklung eines virtuellen Ozeanariums im Zusammenhang mit der EXPO '98 wird in diesem Bereich durchgeführt.

Großforschungseinrichtungen/Institute der Helmholtz-Gemeinschaft

Zu den hier betrachteten Projekten zählen direkte Aktivitäten der GMD (Forschungszentrum Informationstechnik GmbH), der GSF (Gesellschaft für Umwelt und Gesundheit) und der GBF (Gesellschaft für Biotechnologische Forschung mbH). Weitere Projekte, die in Großforschungszentren durchgeführt werden, finden sich in dem Abschnitt zur Projektförderung.

Insbesondere folgende direkte Aktivitäten der Großforschungseinrichtungen sind im Kontext biologisch inspirierter IT zu erwähnen[43]:

GMD:

- Entwicklung der theoretischen Grundlagen und eines Realisierungskonzeptes für eine neuartige Informationsspeicherung und –verarbeitung basierend auf biotechnologischen Operationen auf DNS-Molekülen ('DNA-Computing').

- Akustikbasierte Modellierung und Diskrimination von Räumen.

- Entwicklung von intelligenten Konfigurations- und Parametrisierungshilfen.

- Rezeptormodellierung und das Design kombinatorischer Bibliotheken für den Wirkstoffentwurf.

- Mit JANUS wird von der GMD ein reflektives Hand-Auge-System mit adaptiver Steuerung entwickelt. Das Ziel ist, einen Service Roboter bereitzustellen (ARIADNE), der in der bewohnten Umgebung des Menschen eingesetzt werden soll. Dabei soll auch eine bildbasierte Roboternavigation angewendet werden (VIRGO).

---

[43] Ebenda.

GSF:

- Entwicklung schneller Transformationsalgorithmen in der Biosignalanalyse.

- Verfahren zur Analyse und Erkennung funktioneller Einheiten in Sequenzdaten (GSF stellt medizinisches Wissen mit Methoden der Künstlichen Intelligenz und der Telematik rechnergestützt bereit. Ziel ist die Verbesserung der Informationsstruktur in Einrichtungen des Gesundheitswesens).

- Neue Ansätze zur lokal adaptiven Signalverarbeitung und für die medizinische Bildanalyse.

Die *GBF* versucht, regulatorische DNA-Sequenzen mit Hilfe theoretischer Werkzeuge und experimenteller Ansätze zu charakterisieren, damit ihre Erkennung durch reine Sequenzinformationen möglich wird.

Projektförderung

Die Projekte, die in diesem Abschnitt hervorgehoben sind, werden über Projektträgerschaften der Forschungszentren Jülich GmbH und des DLR gefördert[44]. Insgesamt ergibt sich hierbei für die Gesamtsumme der im Kontext biologisch inspirierter IT geförderten (laufenden) Projekte eine untere Abschätzung von 70 Mio. DM. Die Projekte variieren allerdings stark in ihrem Bezug zur Biologie. Inwieweit die geförderten Projekte Biologen einbinden, wurde im einzelnen nicht untersucht. Dies ist im allgemeinen auch nicht das entscheidende Auswahlkriterium für die Förderung gewesen, sondern vielmehr der möglichst konkrete Anwendungsbezug bzw. die rasche Umsetzbarkeit in Anwendungen.

DLR:

Die DLR fördert Anwendungen evolutionärer Prinzipien in der Informatik. Untersucht werden z. B. die Grundlagen evolutionärer Algorithmen, der Einsatz der Evolutionsstrategie in Wissenschaft und Forschung und Genetisches Programmieren für Modellierung und Regelung dynamischer Systeme. Daneben befaßt man sich auch mit der Entwicklung eines Services für die Computer-Analyse von Krankheitsgenen und eines evolvierbaren DNA-Prozessors (Gesamtbudget: 14,8 Mio DM).

Ferner fördert das DLR ein aktives Datenbanksystem zur Humangenomanalyse und eine Wissensbasis in der Neuroradiologie unter der Bezeichnung "Flexibles Referenzgehirn", ein sich an Patientendaten anpassendes Gehirnmodell, das einen Wissenszugriff ermöglicht. Desweiteren werden neuronale Netze bezüglich einer Strukturoptimierung untersucht, wobei es konkret um eine Vervollkommnung der

---

[44] Die Auswertung basiert auf: Wolke (1998): *Bioinformation* in den wissenschaftlichen Forschungseinrichtungen Deutschlands – Eine Übersicht, BMBF/DLR, Bonn/Köln, im Mai 1998

Anwendbarkeit Künstlicher Neuronaler Netze auf komplexe und stark nichtlineare Probleme am Beispiel der automatischen Diagnose von Fahrzeugbauteilen im Alltagsbetrieb geht (Gesamtbudget: 4,0 Mio DM).

Weitere Arbeiten mit Künstlichen Neuronalen Netzen im Mittelpunkt sind die computergestützte automatische Sequenzanalyse des menschlichen Genoms und die Strukturbestimmung vernetzter Systeme unter variablen Randbedingungen. Daneben laufen Arbeiten zur Datenbanksuche und –verwaltung und eine effiziente Bioinformatik-Infrastruktur für die besonderen Zwecke des Deutschen Humangenom-Projektes ergänzend zum Informations-Service des diesbezüglichen Ressourcenzentrums (Gesamtbudget: 12,3 Mio DM).

Ein weiterer Schwerpunkt ist das Thema Retina-Implantat. Man befaßt sich hier im Rahmen einer Machbarkeitstudie mit der Nervenankopplung, Gewebe- und Bioverträglichkeit und untersucht ein subretinal implantierbares Mikrophotodioden-Array als Netzhautersatz (Gesamtbudget: 19,1 Mio DM).

Ferner fördert das DLR wissensbasierte Informations- und Kommunikationssysteme in der Medizin. Zu nennen ist die Entwicklung eines multimedialen wissens- und fallbasierten Trainings- und Informationssystems, einer transferierbaren wissensbasierenden Umgebung für den labormedizinischen Alltag, eines wissensbasierten Arzneimittelinformationssystems und eines Prototypen mit multizentrischer Evaluation zur wissensbasierten Unterstützung des Narkosearbeitsplatzes sowie einer direkten Entscheidungsunterstützung bei akuten Bauchschmerzen. Daneben werden die Anwendung statistischer und induktiver Verfahren zur Bestimmung von Qualitätsindikatoren und parallele Prognoseverfahren für die Absatzplanung untersucht (Gesamtbudget: 5,3 Mio DM).

Über die Projektträgerschaft des DLR werden außerdem neuronale Skills für intelligente und sensorisch geführte Robotersysteme sowie eine intelligente Netzwerkplanung in der Transportlogistik entwickelt (Gesamtbudget: k.A.).

An dieser Stelle ist auch auf das über die DLR geförderte, im Juni 1998 ausgelaufene Fördergebiet 'Elektronisches Auge' hinzuweisen. Das Gesamtbudget dieses Schwerpunktes belief sich auf ca. 75 Mio. DM.

Forschungszentrum Jülich GmbH:
Im Kontext biologisch inspirierter IT wird über die Forschungszentrum Jülich GmbH als Projektträger die Entwicklung eines neuartigen Biosensortyps auf der Basis intakter Chemorezeptoren von Insekten zur selektiven und hochsensitiven Erfassung von organischen Verbindungen in der Luft unterstützt (Gesamtbudget: k.A.).

Sehr viel stärker ausgeprägt ist die Förderung über die FZ Jülich GmbH im Kontext Bioinformatik: Z. B. werden im Rahmen des Projektes "Funktionelle Annotation regulatorischer Genombereiche" die Handhabung und Aufbereitung genregulatorischer Daten, die systematische Erfassung und Annotation aller bekannten regulatorischen Motive sowie deren lineare Organisation in primären Sequenzdatenbanken gefördert (Gesamtbudget: 1,8 Mio DM). Ferner werden Projekte gefördert, die die genomische Informatik zum Ziel haben. Es geht insbesondere um die Target-Identifizierung zum Auffinden von Zielproteinen in Genomdaten und die Entwicklung einer Hochleistungssequenzieranalytik mit integrierter Datenerfassung und Interpretation (Gesamtbudget: 14,0 Mio DM).

Im Kontext Bioinformatik sind auch noch die Aktivitäten des MIPS zu erwähnen: Über das Münchener Informationszentrums für Proteinsequenzen (MIPS) wird die Entwicklung von Methoden zur Verarbeitung, Organisation und Analyse der im Humangenomprojekt generierten Daten gefördert (Fördersumme seit Juli 1997 5,1 Mio.DM). Das MIPS arbeitet weiterhin an der Aufklärung von Struktur- bzw. Funktionsbeziehungen und der dafür erforderlichen Informationstechnik.

Wissenschaftsgemeinschaft Gottfried-Wilhelm-Leibniz

Im Institut für Molekulare Biotechnologie in Jena sind es insbesondere die Arbeiten zur evolutiven Biotechnologie, die einen deutlichen Bezug zur IT haben. Hier werden u. a. auch Computer mit neuartigen Architekturen entwickelt und molekulare Prozesse der Informationsverarbeitung untersucht.

Im Leibniz-Institut für Neurobiologie in Magdeburg befassen sich insbesondere die Abteilungen für Neurophysiologie und für Akustik, Lernen, Sprache mit Anwendungen im Bereich bioanaloger IT.

7.2   Europa

Das Forschungsbudget der Europäischen Kommission beträgt etwa 4% der Forschungsaufwendungen aller 15 Mitgliedsstaaten.[45] Es genügt deshalb nicht, sich nur die von der Europäischen Union (EU) finanzierten Forschungs- und Entwicklungsprogramme anzusehen, sondern es müssen auch in den Mitgliedsländern der EU entsprechende Erhebungen durchgeführt werden.

---

[45] European Commission DG XII, *Biotechnology R&D in Europe. National Files*, EUR 17459 EN, Luxembourg: Office for Official Publications of the European Communities, 1996, ISBN 92-827-9491-1, p. 3.

EU-finanzierte Programme (inkl. EUREKA)

Im laufenden 4th RTD Framework Programme werden im Bereich "Life Sciences and Technologies" zwei relevante FuE-Programme gefördert:

- BIOTECH 2 (Biotechnologie; 15.12.94-31.12.98; 348 Projekte; 595.5 Mio. ECU),
- BIOMED 2 (Biomedizin und Gesundheit; 15.12.94-31.12.98; 491 Projekte; 374 Mio. ECU).

Im Förderprogramm BIOTECH 2 sind vor allem folgende zwei Bereiche von Interesse:

Area 4 *"Cell Communication in Neurosciences"* (Development of the nervous system; Regeneration of the nervous system; Degeneration and apoptosis in the nervous system; Management of information by the nervous cells; Cell to cell communication in the nervous system; Fördermittel 42,65 Mio. ECU).

Area 6 *"Structural Biology"* ((a) Structure-function relationships; Three-dimensional structure determination; Improvement of techniques; Biomolecules with the desired functions; (b) Interface of structural biology with electronics; Signal transduction; Improvement of experimental tools; Research on new applications; Fördermittel 58,59 Mio. ECU).

Im Förderprogramm BIOMED 2 sind im wesentlichen folgende zwei Bereiche von Interesse:
- Gehirnforschung (rd. 43 Mio. ECU),
- Forschung zum menschlichen Genom (rd. 43 Mio. ECU).

Im 5th Framework Programme der EU wird es im thematischen Programm "Improving the quality of life and the management of living resources", das voraussichtlich mit 2,65 Mrd. ECU ausgestattet sein wird, fünf Schlüsselaktionen (darunter die hier interessierenden 'The "cell factory" (ca. 403 Mio. ECU)' und 'The ageing population (201 Mio. ECU)') und "RTD-Aktivitäten generischer Natur (554 Mio. ECU)" geben.[46] Im Rahmen der "RTD-Aktivitäten generischer Natur" gibt es die Aktivität "Neurosciences" mit folgenden RTD-Prioritäten: understanding cell communication, including mechanisms of learning and memory; mechanisms of brain development, disorder and repair, and their clinical, epidemiological and social implications. Brain theory, computational neurosciences, and neuroinformatics; human

---

46 Vgl. Commission proposals for Council decisions concerning the specific programmes implementing the Fifth RTD Framework Programme of the European Community, 1998-2002. COM(1998) 305, 10.06.1998, siehe http://www.cordis.lu/fifth/src/comm.htm#amandedprop (28.10.1998).

behaviour, cognition and functional mapping of the brain. Integration of theoretical and experimental approaches; integration of basic and clinical research in developing innovative diagnostic, preventive and therapeutic strategies based on novel genetic, cellular, non-invasive, pharmacological and psychological approaches.

Im laufenden 4th RTD Framework Programme werden im Bereich "Information and Communications Technologies" zwei relevante FuE-Programme gefördert:

- ACTS (Advanced Communications Technologies and Services; 27.07.94-31.12.98; 153 Projekte; 671 Mio. ECU),

- ESPRIT 4 (Information Technologies; 23.11.94-31.12.98; 1180 Projekte; 2084 Mio. ECU).

Im Förderprogramm ACTS sind die Bereiche "Intelligence in networks and service engineering"[47] (Fördermittel 94 Mio. ECU) und "Quality, security and safety of communication services and systems"[48] (Fördermittel 15 Mio. ECU) von Interesse. Im Förderprogramm ESPRIT 4 stehen besonders die folgenden Themen im Bereich der Software-Technologien (Fördermittel 210 Mio. ECU) im Zusammenhang mit biologisch inspirierter IT:
- Develop and experiment with emerging software technologies (e.g. complex, distributed decision intensive applications);
- Advanced technologies for distributed database systems (including large scale object based repositories, knowledge embedding and extraction techniques, interoperability, resilience and recovery of distributed systems);
- Advanced technologies for human-computer interaction.

Des weiteren gehört der Bereich "Long Term Research"[49] (Fördermittel 200 Mio. ECU) hierzu.

Im 5th Framework Programme der EU wird es im Thematischen Programm "Creating a user-friendly information society", das voraussichtlich mit 3,925 Mrd. ECU ausgestattet sein wird, vier Schlüsselaktionen (darunter das hier interessierende

---

[47] "To equip communication networks with the built-in features required for real-time communications, including networks, services and user access. RTD will provide the basis for cheaper, quikker and more responsive network services" (vgl. http://www.cordis.lu/info/frames/if010_en.htm (05.05.1998)).

[48] "Development of new technologies providing economically viable and operationally satisfactory solutions for services and systems. RTD includes investigations, demonstrations, experiments and trials of integrated systems" (vgl. http://www.cordis.lu/info/frames/if010_en.htm (05.05.1998)).

[49] "To ensure, by means of networks of excellence and upstream RTD projects, that the potential for the "next wave of innovation" is maintained and that scarce expertise underpinning European information technology RTD is replenished in those areas where it is most needed" (vgl. http://www.cordis.lu/info/frames/if010_en.htm (05.05.1998)).

Thema "Essential technologies and infrastructures", ca. 1,4 Mrd. ECU) und RTD-Aktivitäten generischer Natur im Bereich 'Future and emerging technologies'[50] (ca. 392 Mio. ECU) geben.[51]

EUREKA ist ein europäisches Netzwerk für industrielle Forschung und Entwicklung. Es wurde 1985 mit dem Ziel ins Leben gerufen, Technologien zu entwickeln, die für den globalen Wettbewerb und eine bessere Lebensqualität von ausschlaggebender Bedeutung sind. Industrieunternehmen und Forschungsinstitute in 25 europäischen Ländern beteiligen sich an dem Programm. Gegenwärtig laufen 656 FuE-Projekte mit einem Gesamtwert von 5,6 Mrd. ECU. Bisher abgeschlossen wurden 691 FuE-Projekte mit einem Gesamtwert von 11,7 Mrd. ECU. Im Sektor "Medizin und Biotechnologie" werden gegenwärtig 133 Projekte im Gesamtwert von 366 Mio. ECU bearbeitet, 115 Projekte mit einem Gesamtvolumen von 689 Mio. ECU wurden bereits abgeschlossen. Von den 248 FuE-Projekten in diesem Sektor besitzen lediglich zwei Projekte eine gewisse Nähe zu biologisch inspirierter IT:

- GRIP (Generic Robot Arm Interacting with People; E! 1774; 10/96-12/99; 3,4 Mio. ECU; 4 Partner)

- IAKP (Development of a Controlled Intelligent Above-Knee Prosthesis; E! 1455; 07/95-12/97; 0,28 Mio. ECU; 3 Partner)

Bedeutung der Gesamtthematik biologisch inspirierter IT in anderen europäischen Staaten

Eine erste und ausgesprochen lückenhafte Bestandsaufnahme über die biotechnologische Forschung und Entwicklung in den Mitgliedsstaaten der Europäischen Union wurde im Jahre 1996 durch eine ad hoc Coordination Group of the Biotechnology Committee erstellt. Gegenwärtig wird im Auftrag der Europäischen Kommission eine Bestandserhebung und Analyse der nationalen Förderaktivitäten im Bereich Biotechnologie in denjenigen Ländern durchgeführt, die sich am Biotechnologie-Programm (1994-1998) der EU beteiligen.[52] Die Ergebnisse sind noch nicht veröf-

---

50 "By definition the topics addressed cannot be prescribed. Project proposals could include, in a non-prescriptive way, knowledge technologies (covering technologies for the representation, creation and handling of knowledge), technologies for computation- or bandwidth-intensive applications, future devices and circuits (including those based on nano, quantum, photonic or bio-electronic effects and technologies for very large scale integration), and ultra-complex systems (such as ultra-high performance computers and super-intelligent networks)." Vgl. Commission proposals for Council decisions concerning the specific programmes implementing the Fifth RTD Framework Programme of the European Community, 1998-2002. COM(1998) 305, 10.06.1998, S. 65.

51 Vgl. Fußnote 39.

52 Research project "Inventory and analysis of biotech programmes and related activities in all countries participating in the biotechnology programme 1994 -1998", funded by the European Commission DG XII.

fentlicht. Im Rahmen dieser noch laufenden Studie wurde die biotechnologische Forschung in acht Bereiche[53] gegliedert, wobei der Bereich "Development of bio-basic technologies" am ehesten die Aktivitäten umfaßt, die im Rahmen dieser Studie von Interesse sind: techniques to determine the structure of biomolecules and study the structure-function relationship; techniques to build biomolecules (nano-technologies); interaction of biomolecules with micro-electronic devices, incl. bio-sensors, biomonitoring; genome analysing techniques; bio-data-informatics (set of tools, which is applied to solve data handling and processing problems in biological research e.g. genome sequencing); *bio-informatics (application of biological principles of information processing for technical applications).*

Die nationalen Forschungsaufwendungen im Bereich "Development of biobasic technologies" können für den Zeitraum 1994-1998 für die einzelnen Staaten wie folgt abgeschätzt werden (es sollte berücksichtigt werden, daß nur ein Teil der im folgenden genannten Fördermittel in Projekte geflossen ist, die mit dem speziellen Aspekt bioanaloger IT (*Bioinformation*) in direktem Zusammenhang stehen):

Belgien	> 1,0 Mio. ECU
Dänemark	16,2 Mio. ECU
Deutschland	~ 390 Mio. ECU[54]
Finnland	?
Frankreich	~ 325 Mio. ECU[55]
Griechenland	< 1,5 Mio. ECU
Großbritannien	?
Irland	~ 0,0 Mio. ECU
Italien	6,5 Mio. ECU
Niederlande	?
Norwegen	>2,7 Mio. ECU
Österreich	~3,2 Mio. ECU
Portugal	~0,0 Mio. ECU
Schweden	3,7 Mio. ECU
Schweiz	8,7 Mio. ECU
Spanien	~ 3,5 Mio. ECU

---

[53] Plant biotechnology (crops, trees, shrubs, etc.); Animal biotechnology; Environmental biotechnology; Industrial biotechnology: food/feed, paper, textile and pharmaceutical and chemical production); Industrial biotechnology: Cell as a factory, including all biotech research focused on the cell as producer of all sorts of (food and non-food) products; Developments of human/veterinary diagnostic, therapeutic systems; Development of biobasic technologies; Non technical areas of biotechnology.

[54] Dieser Betrag enthält lediglich die Projektfördermittel, die im Rahmen des "Biotechnologie 2000" Programms der Bundesrepublik für diesen Bereich zur Verfügung gestellt wurden. Institutionelle Fördermittel sind nicht berücksichtigt.

[55] Dieser Betrag umfaßt im wesentlichen die institutionelle Förderung der Institutionen CNRS, INRA, CEA, INSERM sowie Projektmittel des Programms BioAvenir.

Diese Forschungen werden überwiegend in öffentlich geförderten Forschungseinrichtungen durchgeführt.

In Großbritannien findet Forschung im Bereich biologisch inspirierter IT vor allem in 29 Universitäten statt; mit Schwerpunkten in den Bereichen "Neural Networks", "Genetic Algorithms" und "Evolutionary Computation". Das Engineering and Physical Science Research Council (Ministery of Employment and Education) kündigte 1998 die Förderung eines Netzwerkes zu „Emerging Computer Paradigms" an.

7.3 Japan

Forschung und Entwicklung wurden in Japan 1995 mit 14,4 10^{12} Yen (ca 120 Mrd. US$), das entspricht 2,95 % des BIP, gefördert. Der Anteil der öffentlichen Fördergelder (einschließlich der regionalen Verwaltungen) lag im Haushaltsjahr 1995 bei 23%; 77% wurden vom privaten Sektor finanziert[56]. Die staatliche Förderung von Forschung und Entwicklung erfolgt in Japan im wesentlichen durch das Ministry of Education, Science, Sports and Culture (MONBUSHO), die nachgeordnete Science and Technology Agency (STA) sowie das Ministry of International Trade and Industry (MITI).

Die Förderungsprinzipien der japanischen Forschungs- und Technologiepolitik sind heute wesentlich verändert gegenüber denen, die bis Anfang der 90er Jahre galten[57]. Damals wurde - grob vereinfachend - grundlagenorientierte Forschung in Universitäten sowie kurzfristig orientierte angewandte Forschung und Entwicklung in Industrieunternehmen relativ unabhängig voneinander gefördert. Heute konzentriert sich die staatliche Förderung mehr und mehr auf sogenannte *strategische Forschungsfelder*. Strategische Forschung hat einen Zeithorizont zwischen fünf und 30 Jahren und überdeckt damit den Bereich zwischen der Grundlagenforschung und der kurzfristigen industriellen FuE anzusiedeln. Darüber hinaus wurde beschlossen, das gesamte FuE-Budget in 5 Jahren etwa zu verdoppeln. Der Bereich „biomedical sciences" soll davon überdurchschnittlich profitieren. Sowohl die Neurowissenschaften als auch neue Konzepte in der IT als gemeinsame Schwerpunkte der strategischen Forschung unterstreichen, daß in Japan auch eine Bedeutung des Überlappungsbereichs *Bioinformation* bzw. biologisch inspirierte IT gesehen wird.

---

56 Vgl. http://www.stat.go.jp/161173.htm.

57 Vgl. Science and Technology Agency (1998): White Paper on Science and Technolgy – 1997. Japan Science and Technology Corporation: Tokyo

In Japan gibt es derzeit allerdings noch keine Rahmenstrategie für den speziellen Bereich der *Bioinformation* bzw. biologisch inspirierte IT insgesamt. Teilbereiche davon werden jedoch zunehmend gefördert:

Staatliche Förderprogramme

- „Exploratory Research for Advanced Technology" (ERATO) wurde 1981 initiiert. Die Forschungsthemen dieses Programms beruhen auf Visionen von Forschungsdirektoren, die in der Lage sind, junge Forscher in den Universitäten und Industrieunternehmen für ihre Themen zu begeistern, und sind interdisziplinär in ihrer Ausrichtung. Jedes Projektteam besteht aus etwa 15 - 20 Wissenschaftlern. Die Projektlaufzeit ist streng auf fünf Jahre beschränkt. Alle Projekte werden jeweils mit einem Gesamtbudget in Höhe von etwa 1,7 Mrd. Yen (etwa 16 Mio. US$) für diese 5 Jahre ausgestattet. Für ERATO standen im Haushaltsjahr 1996 rund 7,8 Mrd. Yen (etwa 110 Mio. DM) zur Verfügung. Dieses Förderprogramm wird allseits für sehr erfolgreich gehalten, so daß drei weitere Förderprogramme eingerichtet wurden:

- „International Cooperative Research Project" (ICORP) wurde im Jahr 1989 etabliert und stellt eine internationale Version des ERATO-Programms dar mit einer bilateralen 50%-Förderung und einer 5-jährigen Projektlaufzeit. Beispiele für laufende Forschungsprojekte sind: "Subfemtomole Biorecognition" (JST - Uppsala University, 1993-1998), "Mind Articulation" (JST - Massachusetts Institute of Technology, 1996-2001), "Neuro Genes" (JST - University of Ottawa, 1996-2001). Für ICORP standen im Haushaltsjahr 1996 rund 1,7 Mrd. Yen (etwa 24 Mio. DM) zur Verfügung.

- „Precursory Research for Embryonic Science and Technology" (PRESTO) wurde im Jahr 1991 initiiert und ist ein Programm zur Förderung kreativer Individuen über einen Zeitraum von jeweils drei Jahren. Die Japan Science and Technology Corporation (JST)[58] selektiert breite Forschungsgebiete, von denen erwartet wird, daß sie neue Technologien generieren. Jeder ausgewählte Forscher erhält für einen Zeitraum von drei Jahren Sachmittel in Höhe von 30 - 40 Millionen Yen zusätzlich zu seinem Gehalt und bereitgestelltem Labor. Für die Jahre 1994-1996 wurden jeweils 10 Forscher in den drei Forschungsbereichen "Inheritance and Variation", "Intelligence and Synthesis" sowie "Fields and Reactions" gefördert.

- „Core Research for Evolutional Science and Technology" (CREST) wurde 1995 initiiert mit dem Ziel, die materiellen Grundlagen für die zukünftigen Ausrichtungen der japanischen Wissenschaft und Technologie zu legen durch die Stär-

---

[58] Die Japan Science and Technology Corporation (JST) wurde im Oktober 1996 durch Zusammenlegung der beiden Gesellschaften Japan Information Center of Science and Technology (JICST) und Research Development Corporation of Japan (JRDC) gegründet und ist eine der Schlüsselorganisationen für die Implementierung der Politiken der Science and Technology Agency (STA).

kung der Potentiale der Universitäten, Nationallaboratorien und anderer Forschungseinrichtungen. Die Forschungsgebiete werden von JST im Rahmen der von der Science and Technology Agency (STA) etablierten strategischen Sektoren festgelegt. Innerhalb des strategischen Sektors "Challenge to the Unknown" werden drei Forschungsgebiete gefördert:

1) Life Phenomena (Brain Function; Genetic Programming; Host Defense Mechanism),

2) Phenomena in Nanodomains (Quantum Effects and Related Physical Phenomena; Single Molecule and Atom Level Reactions),

3) Phenomena of Extreme Conditions.

Zusammen mit dem PRESTO Programm standen für CREST im Haushaltsjahr 1996 insgesamt 24 Mrd. Yen (etwa 336 Mio. DM) zur Verfügung.

Weitere relevante Forschungsprogramme sind:

- Das „Frontier Research Program" (FRP) des RIKEN[59] wurde im Oktober 1986 gestartet, um Weltklasse-Wissenschaftler in einer kreativen und stimulierenden Forschungsumgebung zusammenzuführen. Von den gegenwärtig 120 Forschern, die Zeitverträge haben und durchschnittlich 35 Jahre alt sind, kommt ein Drittel aus dem Ausland. Das Programm deckt gegenwärtig folgende Bereiche ab: Bio-Homeostasis Research, Frontier Material Research, Photodynamics Research und Bio-Mimetic Research. Der Bereich Brain Science Research mit den Schwerpunkten "Brain Mechanism of Mind and Behaviour", "Brain Information Processing" sowie "Neuronal Function Research" wurde im Oktober 1997 durch die Gründung des Brain Science Institute innerhalb des RIKEN zusammengeführt. Die Forschungen des Brain Science Institute (BSI) sind auf eine Laufzeit von 20 Jahren ausgelegt und gliedern sich in die Bereiche "Understanding the Brain - Elucidation of Brain Functions", "Protecting the Brain - Conquest of Diseases of Brain" und "Creating the Brain - Developments of Brain-style Computers". Das Budget des BSI für das Haushaltsjahr 1997 betrug 6,5 Mrd. Yen (etwa 91 Mio. DM) bei gegenwärtig etwa 200 Mitarbeitern.

- Das Ministry of International Trade and Industry (MITI) initiierte das „Real World Computing Project" (RWC)[60] im Jahr 1992 mit einer Laufzeit von 10 Jahren. Ziel des Projekts ist die Entwicklung neuer Informationsverarbeitungssysteme für das 21. Jahrhundert und die Stärkung der Wettbewerbsfähigkeit der beteiligten Industrieunternehmen. Während in den ersten fünf Jahren explorative Forschung auf den Gebieten "Neuartige Funktionen", "Massiv parallele Syste-

---

[59] Das Institute of Physical and Chemical Research (RIKEN) wurde 1917 gegründet, besitzt einen halböffentlichen Status mit einem hohen Grad an Autonomie und wird zu 95% vom Staat finanziert.

[60] Vgl. http://www.rwcp.or.jp/outline/home-E.html (26.10.1998).

me" und "Optische Systeme" gefördert wurde, konzentriert sich das Projekt für die verbleibenden Jahre bis 2001 auf "Real World Intelligence (RWI)" und "Parallel and Distributed Computing (PDC)". 1997 wurde es umbenannt in "Project for the Fundamental Information Technology of the Next Generation". Das Konsortium dieses Projekts besteht aus 17 japanischen Unternehmen (u. a. Fujitsu Ltd., Hitachi Ltd., Matsushita Research Institute Tokyo, Inc., Mitsubishi Electric Corporation, NEC Corporation, NTT, Oki Electric Industry Co., SANYO Electric Co., Sharp Corporation, Toshiba Corporation) und drei europäischen Forschungseinrichtungen (GMD (D), Stichting Neurale Netwerken (NL), Swedish Institute of Computer Science (SICS)).

Gegenwärtig findet vor allem in folgenden öffentlich geförderten Institutionen Forschung auf dem Gebiet biologisch inspirierter IT statt: RIKEN Brain Science Institute, ATR (Advanced Telecommunications Research Institute International)[61], Research Center for Advanced Science and Technology (RCAST) der University of Tokyo, Chiba University, Fukuoka Institute of Technology, Hokkaido University, Nagoya University, Osaka University, Saga University, Tohoku University, Tokyo Institute of Technology, Tokyo University of Agriculture and Technology, University of Ryukus, University of Tsukuba.

Industrielle Forschungs- und Entwicklungsaktivitäten im Bereich der biologisch inspirierten IT findet man mehr oder weniger ausgeprägt bei allen japanischen Großkonzernen. Als ein Beispiel sei die Nippon Telegraph and Telephone Corporation (NTT)[62] genannt, die im Haushaltsjahr 1997 bei einem Umsatz von 16.475 Mrd. Yen (etwa 231 Mrd. DM) für Forschung und Entwicklung 329 Mrd. Yen (etwa 4,6 Mrd. DM) aufwendete. Im Bereich der eher grundlagenorientierten Forschung des NTT Basic Research Laboratory findet man innerhalb des Information Science Research Laboratory[63] Themen wie Informationsverarbeitung im Gehirn, Gehirn-Mechanismen, Erkennung/Wahrnehmung von Gegenständen bzw. Sprache, biologische Steuerung von Bewegungen. Beachtenswert sind auch die Forschungsaktivitäten des japanischen Unternehmens NEC in den USA. In Princeton wird mit einem festen Stab von ca. 80 Wissenschaftlern an „massively parallel computing in natural and artificial systems", „bioinspired associative memories", „DNA-computing" und „biological systems" gearbeitet[64]. Insbesondere durch Grundlagenforschung in den letzten beiden Bereichen hat sich das NEC Research Institute eine hervorragende Reputation in der US-amerikanischen „scientific community" erworben.

---

61 ATR wird im wesentlichen von NTT und vom Ministry of Post and Telecommunications finanziert mit einem Jahresbudget von rund 9 Mrd. Yen (etwa 126 Mio. DM).

62 Vgl. http://info.ntt.co.jp/ar/ar97/index.html (27.10.1998).

63 vgl. http://www.brl.ntt.co.jp/info/index.html (27.10.1998).

64 vgl. http://www.neci.nj.nec.com/mission.html (9.9.1998).

7.4   USA

Die Finanzierung von FuE Vorhaben verteilte sich 1995 in den USA zu 59 % auf die Industrie und zu 36 % auf staatliche Quellen[65]. Die staatliche Förderung erfolgt in den USA im wesentlichen durch das Department of Defense (50 %), das Department of Health and Human Services (17 %), die NASA (12 %), das Department of Energy (9 %) sowie durch die National Science Foundation[66] (3%). Insgesamt flossen 1995 2,4 %, 1996 2,6 % und 1997 3,5 % des BIP in FuE, bei in etwa gleich gebliebener Verteilung. Für 1997 entspricht dies einem absoluten Betrag von 205,7 Mrd. US$.

In den USA gibt es derzeit keine einzelne Initiative, die den gesamten Bereich der *Bioinformation* bzw. biologisch inspirierter IT generell abdeckt. Teilbereiche davon werden jedoch wie auch in Japan zunehmend gezielt gefördert:

Förderaktivitäten der NSF:
In der KDI-Initiative[67] „Knowledge and Distributed Intelligence" sind neue Kombinations-, Klassifikations- und Analysemethoden zur Erhebung, Modellierung und Darstellung komplexer Daten zu entwickeln, mit denen sich Informationen in Wissen transformieren lassen. Die Möglichkeiten zu einer interaktiven Zusammenarbeit und das Verständnis u. a. der kognitiven, ethischen, erzieherischen, juristischen und sozialen Folgen, die sich aus den neuen Formen der Interaktivität ergeben, sollen vertieft werden. Die Forschung muß eindeutig interdisziplinär ausgerichtet sein. Im Haushaltsjahr 1998 werden 3 Schwerpunkte gefördert: „Knowledge Networking" – KN (Möglichkeiten der Integration von Wissen, des Informationsflusses und der Interaktivität zwischen Menschen, Organisationen und Gemeinschaften), „Learning and Intelligent Systems" - LIS (Verständnis von Lernen und Intelligenz in natürlichen und technischen Systemen) und „New Computational Challenges" – NCC (rechnergestützte Verfahren, mit deren Hilfe Wissenschaftler und Ingenieure zukünftig komplexe und datenintensive Probleme lösen können). Insgesamt steht dem KDI-Programm für das Haushaltsjahr 1998 ein Betrag von 50 Mio. US$ zur Verfügung. Es sollen zwischen 60 und 75 Forschungsvorhaben mit einer Laufzeit von 3 bis maximal 5 Jahren gefördert werden.

Das „Biological Sciences Directorate[68]" der NSF verfügt derzeit über einen Etat von 333 Millionen Dollar pro Jahr und gliedert sich in „Environmental Biology",

---

65 Prozentangaben aus H.N. Abramson et al. (1997): Technology Transfer Systems in the USA and Germany. National Academy Press: Washington

66 Das Buget betrug 1997 US$ 3,367 Milliarden. Für das Haushaltsjahr 1999 wurden US$ 3,8 Milliarden beantragt. Damit werden gegenwärtig ca. 19.000 Projekte der Grundlagenforschung finanziert.

67 siehe auch http://www.ehr.nsf.gov/kdi

68 http://www.nsf.gov/bio/

„Molecular & Cellular Biosciences", „Biological Infrastructure" und „Integrative Biology & Neuroscience". Von besonderer Bedeutung sind die beiden letzteren Abteilungen:

- In der „Division of Biological Infrastructure – Computational Biology Activity (CBA)[69]" wird die Entwicklung neuartiger, rechnergestützter Verfahren für die Biologie gefördert (Gesamtbudget ca. 9 Mio. US $).

- In der Division of Integrative Biology & Neuroscience gilt es, in interdisziplinärer Zusammenarbeit Fragen der Struktur, Funktion und Entwicklung des Nervensystems aufzuklären (Schwerpunkte: Behavioral Neuroscience, Developmental Neuroscience, Sensory Systems, Neuroendocrinology, Neuronal and Glial Mechanisms).

- Vom Biological Sciences Directorate werden ferner die zwei Projekte „Biosystems Analysis and Control" (Entwicklung von Software- und Hardwaremodellen neuronaler Schaltkreise, Schaffung mathematischer Werkzeuge für das Verständnis des Nervensystems, biologisch inspirierte Konstruktion von Architekturen zur Systemkontrolle) und „Collaborative Research in Neuroscience, Computer and Mathematical Sciences, and Engineering - CRI" (u. a. Entwicklung von Informationstechnologie für funktionelle Studien des Nervensystems) unterstützt.

Das „Computer and Information Science and Engineering Directorate (CISE)" fördert Forschungsvorhaben auf dem Gebiet der Informations- und Computerwissenschaften mit ca. 294 Mio. US$ pro Jahr. Von besonderem Interesse ist innerhalb des CISE der Bereich „Information and Intelligent Systems" (IIS), für den im Haushaltsjahr 1998 ca. 40 Mio. US$ aufgewendet werden sollen. Die IIS fördert insgesamt 6 zusammenhängende Programme[70]: „Computation and Social Systems" (CSS), „Information and Data Management" (IDM), „Human Computer Interaction" (HCI), „Knowledge and Cognitive Systems" (KCS), „Robotics and Human Augmentation" (RHA) und „Special Projects" (SP). Oftmals in enger Zusammenarbeit mit anderen NSF-Programmen werden dabei u. a. folgende Forschungsthemen unterstützt: Entwicklungen auf dem Gebiet der Robotik, die in diesem Zusammenhang als Wissenschaft von der Repräsentation, Erkennung und Manipulation physikalischer Objekte definiert wird; Nutzung von Bild, Stimme und anderen sensorischen Eingängen für die Mensch-Maschine-Kommunikation und die Schaffung intelligenter Schnittstellen zwischen Wahrnehmung und Handlung; Untersuchungen und Entwicklungen künstlicher Systeme, die u. a. über Fähigkeiten zum Schlußfolgern, Planen und Verstehen von Sprache verfügen; Entwicklung von Datenbanken und wissensbasierten Systemen für die Organisation menschlichen Wissens in ma-

---

[69] siehe auch die NSF-Publikation COMPUTATIONAL BIOLOGY ACTIVITIES (NSF 98-7), erhältlich unter http://www.nsf.gov/pubs/1998/nsf987/nsf987.txt

[70] Eine detaillierte Beschreibung findet sich unter http://www.cise.nsf.gov/iis/index.html

schineninterpretierbarer Form; Entwicklung von Theorien und Systemen für die Zusammenarbeit in verteilten und vernetzten Umgebungen.

DARPA–Programme[71] (Defense Advanced Research Projects Agency):
Die Defense Advanced Research Projects Agency (DARPA) ist eine zentrale Forschungs- und Entwicklungsorganisation des amerikanischen Verteidigungsministeriums. Für 1998 wurde ein Budget von ungefähr 2,2 Mrd. US$ beantragt. Damit sollen ausgewählte Projekte der Grundlagenforschung und der anwendungsorientierten Forschung finanziert werden, bei denen sowohl das Risiko als auch der mögliche Gewinn sehr hoch sind. Folgende Offices bzw. Programme fallen in den Gegenstandsbereich biologisch inspirierter IT:

DSO – „Defense Sciences Office" (Programm „Controlled Biological Systems[72]"): Es sollen Möglichkeiten zur Beobachtung, Beeinflussung und Kontrolle des Verhaltens biologischer Organismen untersucht werden. Anwendungen bestehen u. a. in der Detektion von Schadstoffen und nicht detonierter Artilleriegeschosse sowie der Informationsgewinnung in nichtzugänglichen Umgebungen.

ETO – „Electronics Technology Office": Das 'Distributed Robotics Program[73]' sucht nach biologisch inspirierten Designs und neuen Methoden für extrem kleine oder rekonfigurierbare Roboter(-systeme) sowie für Methoden zur Zusammenfassung verteilter Fähigkeiten und Intelligenz. Hierfür werden 1998 insgesamt 25 Mio. US$ zur Verfügung gestellt.

ITO – „Information Technology Office":

- Im Programm „Human Computer Interaction[74]" sollen Technologien und Systeme entwickelt werden, die mit Menschen zusammenarbeiten können, um Probleme in einem verteilten Informationsraum zu lösen.

- Ziel des Programms „Human Language Systems[75]" ist es, Computer zu bauen, die hören und lesen sowie verstehen können (Teilbereiche „Understanding", „Text Understanding" und „Multi-Language Processing").

- Im Programm „Ultra Scale Computing[76]" sollen neue Computertechnologien gefunden und getestet werden, mit deren Hilfe sich die inhärenten Grenzen der heutigen Halbleitertechnologie hinsichtlich Rechengeschwindigkeit, Komplexität lösbarer Probleme, Kosten, Dichte und Energiebedarf überwinden lassen. Im Brennpunkt stehen drei Schwerpunkte: „New Models of Computation" (Ent-

---

[71] http://www.darpa.mil

[72] http://www.darpa.mil/DSO/solicitations/BAA98- 07/S/cbd.htm

[73] http://www.darpa.mil/eto/Solicitations/ cbd/cbd 9741.html

[74] http://www.arpa.mil/ito/research/hci

[75] http://www.arpa.mil/ito/research/hls

[76] http://www.darpa.mil/ito/research/ultra/index.html

wicklung von Rechenmodellen und Architekturen für die parallele Verarbeitung mit einer extrem großen Anzahl von Verarbeitungseinheiten wie Parallel Computing, Swarm Computing und Quantum Computing), „New Physical Mechanisms for Computation" (Berechnungs- und Speichermethoden, die auf biologischem Substrat basieren wie DNA-Computing, Cellular Engineering, Real Neural Networks) und „Hybrid Information Appliances[77]" (Systeme zur Aufnahme, Verarbeitung und Speicherung von Informationen, die auf einer Verknüpfung von biologischen Materialien mit elektronischen Geräten basieren wie Hybrid Computation, Hybrid Peripherals, Hybrid Storage, UltraScale Prototypes). Derzeit werden im Ultra Scale Computing-Programm etwa 27 Projekte mit Beiträgen zwischen jeweils 1 Mio. und 3 Mio. US$ gefördert[78]. Die Laufzeit beträgt i. a. drei Jahre. Anschlußprojekte an bereits abgeschlossene Arbeiten (z. B. im Bereich DNA-Computing) können als Indiz für den Erfolg des Programms gelten[79].

Programme des Office of Naval Research[80] (ONR):
Von der Marine werden insgesamt Forschungsprogramme im Umfang von 400 Mio. US$ pro Jahr gefördert.

Von der „Biomolecular and Biosystems Science and Technology Division[81]" werden Programme unterschiedlichen Umfangs finanziert. Typische Einzelanträge umfassen ein finanzielles Volumen von US$ 100.000 pro Jahr bei einer Laufzeit von 3 Jahren. Grundsätzlich werden das „Biomolecular Science and Technology Program" (Biosensors, Biomaterials and Processes, Biotechnology) und das „Biosystems Science and Technology Program" (u. a. Biomimetic Signal Processing, Biomimetic Locomotion) unterschieden.

In der Division „Cognitive and Neural Science and Technology[82]" werden die Bereiche „Bioengineering Programs[83]" (Neural Computation, Nonlinear Neural Dynamics, Legged Locomotion, Hybrid Neural Systems, Gene Regulation, Networks, Adaptive Neural Systems, Neuromorphic Systems, Adaptive Control, Image Analy-

---

[77] http://www.darpa.mil/ito/Solicitations/CBD 9811.html

[78] Das Projekt „Prototyping Biomolecular Computations" (federführend: University of Durham) wird mit 2,7 Mio. US$ gefördert.

[79] Z. B. das neue Projekt „Computational Aspects of Molecular Science" im Bereich DNA-Computing.

[80] http://www.onr.navy.mil

[81] http://www.onr.navy.mil/sci tech/engineering/

[82] http://www.onr.navy.mil/sci tech/personnel/#cognitive

[83] http://www.onr.navy.mil/sci tech/personnel

sis, Biosonar) und „Personnel Optimization" (u. a. Neuro-Cognitive Science, Hybrid Architectures for Complex Learning) unterstützt.

The Human Brain Project[84]:
Um zu einem tiefergehenden Verständnis von Hirnfunktionen zu gelangen, strebt dieses Projekt an, *Informationen unterschiedlicher Beschreibungsebenen zu integrieren*. Es handelt sich um eine staatliche Forschungsinitiative, an der 16 Organisationen und 5 staatliche Behörden (u. a. NIH und NSF) beteiligt sind. In der derzeit aktuellen Phase 1 des Projektes sollten grundlegende Machbarkeitsstudien durchgeführt werden, die in Phase 2 auszuarbeiten und zu erweitern sind. Die sich aus dieser Forschung und Entwicklung ergebenden Hilfsmittel werden dann in Phase 3 der wissenschaftlichen Allgemeinheit zur Verfügung gestellt. Die Förderungshöchstdauer beträgt 3-5 Jahre.

Forschung im Themenfeld biologisch inspirierter IT findet in den USA an zahlreichen Instituten und Universitäten statt. Teilweise sehr ehrgeizige Projekte laufen auch an den weniger bekannten Einrichtungen, die sich nach Auffassung mancher Experten eher auf riskante Arbeiten bzw. nicht etablierte interdisziplinäre Arbeitsgebiete einlassen als renommierte Institute mit biowissenschaftlicher Forschung. Für keine der identifizierten IT-Methoden mit Bezug zur Biologie haben sich bislang regionale oder lokale Schwerpunkte herausgebildet. Die verteilte Arbeit in kleinen Gruppen an ähnlichen Fragestellungen aber mit unterschiedlichen methodischen Zugängen wird vielmehr als wesentlich für die Vitalität des Themenfeldes erachtet. Ferner sorgt die größere Zahl der jeweiligen Fachexperten für einen objektiveren „reviewing"-Prozeß der Vorhaben und ermöglicht auch Ansätzen abseits des „mainstream" Zugang zu Fördergeldern. Insbesondere sind in diesem Zusammenhang auch die Foundations (z. B. Sloan-Foundation) von Bedeutung, die sich solcher Themen annehmen, die von anderen Einrichtungen zur Forschungsförderung noch nicht gezielt unterstützt werden[85].

Als ein wesentliches Hemmnis wurden in den USA die bestehenden Curricula bzw. die Qualifikation geeigneter Nachwuchswissenschaftler erkannt. Interdisziplinäre Studiengänge ab dem Master-Level (PhD-Programme[86]) tragen dem teilweise bereits Rechnung. Eine bio-/humanwissenschaftliche Zusatzqualifikation für Physiker, Mathematiker und Ingenieure wird u. a. durch die Sloan-Foundation auch gezielt gefördert (Budget: 1 Mio. US$ über 2 Jahre).

---

[84] siehe u. a.: http://www.nih.gov/grants/guide/pa-files/PA-96-002.html

[85] Die Sloan-Foundation förderte z. B. schon 1994 den Bereich „Theoretical Neorobiology" mit 6,7 Mio. US$.

[86] z. B. am Caltech.

Eine hinsichtlich der Institutionalisierung interdisziplinärer Arbeit inspirierende – da bislang in dieser Form einzigartige – Einrichtung ist das Santa Fe Institute (SFI). Die derzeitigen, überwiegend konzeptbasierten Arbeitsschwerpunkte umfassen u. a. adaptative computation, biological networks, computational molecular biology, origin of life, theoretical immunology und neurobiology. Als kleine „visiting institution" (im Mittel 40 Wissenschaftler, die jeweils etwa ein Jahr bleiben) mit einem jährlichen Budget von ca. 5,5Mio. US$ sieht sich das SFI als Katalysator neuartiger interdisziplinärer Projekte, die Barrieren zwischen traditionellen Disziplinen überschreiten[87]. Die seit der Gründung 1984 bestehende sehr gute Reputation und das zunehmende Interesse seitens der Wirtschaft[88] können als Indiz für den Erfolg des Organisationskonzepts gelten. Als wesentliche Erfolgsfaktoren werden die Integration der Wirtschaft, außergewöhnliche Individuen (Nobelpreisträger), eine flache Hierarchie und eine Organisation gesehen, die sowohl informelle als auch formelle Kontakte zwischen Wissenschaftlern verschiedener Disziplinen unterstützt.

In den USA besteht ferner ein ausgeprägteres industrielles Interesse an Innovationen aus dem Bereich biologisch inspirierter IT als in Deutschland. Microsoft etwa versucht derzeit in den USA nach Auskunft von Fachexperten die fähigsten Wissenschaftler aus dem Bereich der Neurowissenschaften zu rekrutieren, um mit einem Budget in der Größenordnung von einer Mrd. US$ Funktionen an der Mensch-Maschine-Schnittstelle zu verbessern[89]. Weitere Aktivitäten laufen u. a. an den Großunternehmen Bell Labs (Speicherarchitekturen, DNA-Speicher) und Raytheon (Neuronale Hardwarearchitekturen). Veranstaltungen zur Information von Industrievertretern über Perspektiven biologisch inspirierter IT werden in den USA gezielt von Bio-/Humanwissenschaftlern initiiert[90].

Zunehmend entstehen als spin-off universitärer Forschung im Bereich biologisch inspirierter IT auch neue kleine Unternehmen. Für Unternehmensgründungen in diesem Kontext werden in den USA ähnliche Chancen gesehen wie im Bereich der Biotechnologie. Der tatsächliche Biologiebezug ist dabei allerdings sehr verschieden. Im Moment überwiegen nach einer groben Schätzung immer noch Anwendungen mit rein metaphorischem Bezug. Eine direkte Zusammenarbeit von Biologen und Informationstechnikern ist u. a. im Bereich adaptiver Sensoren zu verzeichnen (Neuromorphic Engineering).

---

[87] Am SFI wurde u. a. das neue Arbeitsgebiet „artificial life" maßgeblich mitgestaltet.

[88] Derzeit sind über das Business-Network etwa 60 Großunternehmen mit dem SFI verbunden.

[89] Vgl. u. a. auch „Economist", September 12th, 1998 (The Future of Computing).

[90] siehe z. B. das Koch-Lab am Caltech.

7.5   Sonstige Staaten

Sowohl die Patentstatistik als auch die bibliometrische Analyse hinsichtlich relevanter Themen in der bio-/humanwissenschaftlichen Grundlagenforschung sowie der anwendungsorientierten Forschung in den Computerwissenschaften ergab anhand der Gesamtstatistik, daß die weltweiten Aktivitäten im Zusammenhang mit biologisch inspirierter IT durch die Erfassung der „Triade" EU, Japan und die USA hinreichend abgedeckt werden.

Verläßt man allerdings in der Bibliometrie die Ebene aggregierter Gesamtzahlen und betrachtet die am häufigsten publizierenden Institutionen, werden nennenswerte Aktivitäten auch außerhalb der Triade sichtbar:

Hinsichtlich der bio-/humanwissenschaftlichen Grundlagenforschung fallen bei theorieorientierten Themen bzw. Themen der Biophysik die National Taiwan University in Taipei, die Tsinghua University in Peking sowie in Israel die Tel Aviv und die Ben-Gurion University auf.

Im Bereich anwendungsorientierter Forschung wurden unter den 15 Institutionen mit den häufigsten Veröffentlichungen folgende außerhalb der Triade identifiziert:

- „FPGA/Evolvable Hardware": Toronto Univ. und Calgary Univ. (Kanada), Chiao Tung Univ. (Taiwan), Univ. Lausanne (Schweiz)

- „Genetic algorithms": Korea Advanced Institute of Science and Technology (Seoul, Südkorea)

- „DNA-Computing, biomolecular electronics": Int. Res. Inst. for Management Sci. (Moskau, Rußland), Belgrade Univ. (Serbien), Center for New Electron. Architect. (Bukarest, Rumänien)

- „Agent technology": ETH Zürich (Schweiz), Melbourne University (Australien), City Univ. of Hong Kong (China)

- „Optical pattern recognition": Ben-Gurion Univ. (Israel), Chungang Univ. (Seoul, Südkorea), Toronto Univ. (Kanada).

- „Artificial neural networks": Belgrade Univ. (Serbien), Tsinghua Univ. (Peking, China)

- „Robotics": Toronto Univ. (Kanada), Univ. of Singapore, ETH Zürich (Schweiz), Korea Advanced Inst. of Science and Technology (Seoul, Südkorea)

Für Israel wurde aufgrund der Aktivitäten in den Grundlagen- sowie der anwendungsorientierten Forschung eine vertiefte Recherche einschließlich Expertengespräche betrieben. Die Ausgaben der israelischen Regierung für R&D betrugen im

Jahre 1997 2,1% des BIP[91] (etwa 1,8 Mrd. US$). Ziel ist es, diese Ausgaben bis zum Jahre 2005 auf 3,0% zu erhöhen. Der Anteil des Business Sectors an den Investitionen im Bereich R&D beträgt gegenwärtig ca. 36%.

Israel kann auf zahlreiche internationale Vereinbarungen für Kooperationen in Forschung und Entwicklung verweisen. Im Kontext biologisch inspirierter IT sind vor allem die zahlreichen Kontakte zu den USA erwähnenswert. Relevant für die gemeinsame Forschung von deutschen und israelischen Institutionen sind *GIF - German-Israeli Foundation for Scientific R&D* (jährliches Gesamtbudget: 22 Mio. DM) sowie *German-Israeli Research Cooperation Programme von BMBF und MoS (Min. of Sc. and Tech.)* (jährliches Gesamtbudget: 7 Mio. DM u. a. in den Forschungsgebieten medical research, biotechnology, cancer research). Bislang wurden diese Fördermöglichkeiten im speziellen Kontext *Bioinformation* in keinem nennenswerten Umfang in Anspruch genommen.

Für den Bereich *Bioinformation* bzw. biologisch inspirierter IT generell existieren keine speziellen Förderprogramme. Allerdings wird in folgenden Einrichtungen an entsprechenden Themen gearbeitet: *Interdisciplinary Center for Neural Computation (ICNC)* an der *Hebrew University* in Jerusalem (17 Forschungsteams aus den Bereichen Neurobiologie, Psychologie, Theoretische und Angewandte Physik sowie Informatik), *Weizmann Institute* (Genome Center, Department of Applied Mathematics and Computer Science), *Technion Center for Intelligent Systems* (Computer Vision, Robotics und KI), *Technion Center for Manufacturing Systems and Robotics, Tel Aviv University* (*Adams Super Center for Brain Studies* mit seiner Neural Computation Group). Die offensichtlich hohe Relevanz der Forschung im Bereich Computer Vision in Israel wird durch die interuniversitäre *Israeli Computer Vision Research Alliance* manifestiert. In diesem, vom MoS unterstützten Forum werden die Aktivitäten von vier Universitäten gebündelt.

In Israel wurden Kommunikationsschwierigkeiten als besonderes Hemmniss von Forschungsaktivitäten im interdisziplinären Bereich zwischen den Bio-/Humanwissenschaften und den physikalisch/technischen Wissenschaften erkannt. Diesem Problem wird mittlerweile am ICNC der Hebrew University, am Weizmann Institute und an der Tel Aviv University für den Schwerpunkt „Computational Neuroscience" mit interdisziplinären Curricula ab dem Masters Level bzw. für PhD-Studenten Rechnung getragen.

---

[91] Vgl. http://www.most.gov.il/publications/ttt5.html#double

7.6   Deutschland im internationalen Vergleich

Aus den Ergebnissen der themenbezogenen Delphi-Auswertung, der bibliometrischen und patentstatistischen Analysen sowie der Expertengespräche ergibt sich anhand verschiedener, ausgewählter Teilbereiche ein weitgehend konsistentes Bild von Deutschlands Position im Kontext biologisch inspirierter IT. Wobei allerdings beachtet werden muß, daß im Falle der Patentstatistik der tatsächliche Biologiebezug nicht in jedem Fall festgestellt werden konnte[92].

Abbildung 7.2 faßt die Ergebnisse der Patentstatistik und Bibliometrie auf Länderebene für eine Auswahl wichtiger Teilbereiche zusammen. Dargestellt sind jeweils die Länderrelationen beim Literatur- bzw. Patentaufkommen für USA, Japan und Deutschland bezogen auf das Gesamtaufkommen an Publikationen bzw. Patentanmeldungen im untersuchten Teilbereich für einen möglichst aktuellen Zeitraum. Die Betrachtung der Länderrelationen[93] beim Literatur und Patentaufkommen macht deutlich, daß in allen analysierten Teilbereichen die USA eine führende Rolle einnimmt. Bei den Publikationen folgt Japan mit deutlichem Abstand und schließlich Deutschland mit einem noch geringeren Anteil. Ein Vergleich dieser Verhältnisse mit den Publikationsanteilen, wie sie sich auf der Basis des SCI über alle Technikfelder ergeben, macht deutlich, daß es sich hierbei nicht um eine außergewöhnliche Situation handelt. Die summierten Veröffentlichungsanteile von Deutschland, USA und Japan unterstreichen weiterhin, daß sich auch noch einige andere Länder (insbesondere in Europa) mit dem Themenbereich befassen.

Auf der Ebene der Patentanmeldungen wechselt die Position von Deutschland und Japan in Abhängigkeit vom Teilbereich. Es werden auch deutlichere Unterschiede im Vergleich zu den Länderanteilen an Patentanmeldungen am Europäischen Patentamt über alle Technikfelder sichtbar.

Die relativ gute Position Deutschlands im Teilbereich ‚robotics' läßt sich darauf zurückführen, daß die Suchstrategie bei den Patenten in erster Linie ‚lernende Maschinen' abdeckt. Die traditionell gute Position Deutschlands im Maschinenbau wirkt sich auch auf den Teilbereich ‚neural nets' aus, da Künstliche Neuronale Netze vor allem in Steuerungs- und Regelungssystemen eingesetzt werden.

Auffallend ist die in der Vergangenheit vergleichsweise starke Position Japans in den Teilbereichen „speech recognition" und „optical pattern recognition" bzw. die

---

92 Zur Auswahl der Recherche-Bereiche in der Patentstatistik und Bibliometrie siehe auch Kapitel 2.4.3.

93 Da bei dem berechneten Index-Wert nicht die Größenunterschiede der Länder berücksichtigt werden, sind zum Vergleich als letztes Säulenpaar die entsprechenden Länder-Werte für das Literaturaufkommen im Science Citation Index (SCI) bzw. das Patentaufkommen am Europäischen Patentamt (EPA) über alle Technikfelder angegeben.

relativ schlechte Position Deutschlands in beiden Teilbereichen, vor allem auch in Relation zu den EPA-Werten über alle Technikfelder.

Abbildung 7.2:   Länderrelationen beim Literatur- und Patentaufkommen in verschiedenen Teilbereichen
(Index-Werte, jeweiliges Gesamtaufkommen=1)

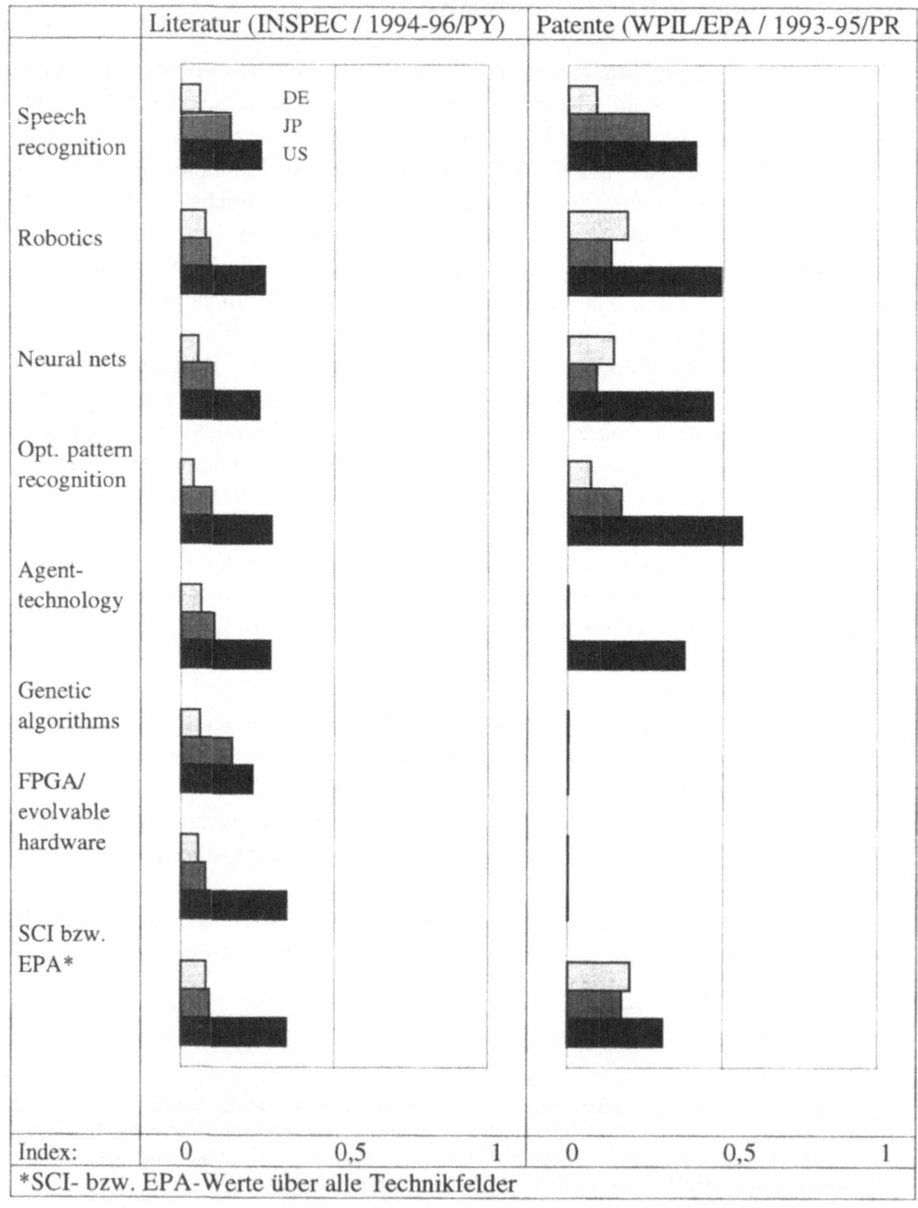

Die USA hat einen deutlich größeren Anteil an den Patentanmeldungen als bei den wissenschaftlichen Publikationen. Offensichtlich besteht hier ein Vorsprung bei der Umsetzung der Forschungsergebnisse in industrielle Anwendungen. Dies deckt sich mit der in den Expertengesprächen geäußerten Kritik, daß in Deutschland zwischen Grundlagenforschung und Anwendungsorientierung im Themenfeld *Bioinformation* bzw. generell hinsichtlich biologisch inspirierter IT eine Förderungslücke bestehe. Weiterhin wird aus dem Vergleich der Teilbereiche mit den Gesamtanmeldungen deutlich, daß die *biologisch inspirierte IT zu den spezifischen technologischen Stärken der USA zählt.*

Der Vergleich der Publikationszahlen mit der Zahl der Patentanmeldungen in einem Teilbereich macht deutlich, ob die Forschungsaktivitäten noch stark grundlagenorientiert oder schon mehr anwendungsbezogen sind. So existieren offensichtlich für ‚evolvable hardware' noch keine Patente[94], und beim Teilbereich ‚genetic algorithms' ließen sich nur so wenige Patente identifizieren, daß ein Ländervergleich nicht aussagefähig ist[95].

Anders stellt sich die Situation in Teilbereichen wie ‚neural nets', ‚robotics', speech recognition' oder ‚optical pattern recognition' dar, bei denen Forschungsaktivitäten schon über einen vergleichsweise langen Zeitraum nachweisbar sind. Hier existieren konkrete Anwendungen, was sich in zahlreicheren Patentanmeldungen niederschlägt.

Während die Bibliometrie und Patentstatistik einen analytischen Rückblick erlaubt, wurde in der themenbezogenen Auswertung des deutschen Delphi-Berichts die Beurteilung der derzeitigen Ausgangsposition Deutschlands in Forschung und Entwicklung ermittelt. Der Vergleich der themenbezogenen Auswertung mit dem Durchschnitt des gesamten Delphi-Berichts ergibt das in *Tabelle 7.3* dargestellte Bild.

Die Position der USA wird insgesamt als herausragend gesehen. Gegenüber dem gesamten Durchschnitt des Delphi-Berichts fällt Deutschland hinsichtlich biologisch inspirierter IT deutlich hinter Japan zurück.

---

94 Die ermittelten Patente beziehen sich auf hardwarespezifische Aspekte der FPGA. Eine Verbindung der Patente zur Anwendung von FPGAs in „evolvable Hardware" konnte bis 1995 nicht hergestellt werden.

95 Dies liegt auch an der grundsätzlichen Problematik der reinen Software-Patentierung.

Tabelle 7.3:   Deutschlands Ausgangsposition in FuE im internationalen Vergleich der deutschen Delphi-Untersuchung. In der Delphi-Untersuchung wurde nach dem Land gefragt, dessen FuE-Bemühungen um eine Realisierung der jeweiligen Zukunftsvision am weitesten sind[96] (mehrfache Nennungen waren möglich).

Land	alle Technikfelder	Biologisch inspirierte IT
Deutschland	48 %	33 %
Japan	29 %	47 %
USA	58 %	82 %
andere EU-Länder	13 %	6 %
andere Länder	5 %	2 %

Das Gesamturteil in *Tabelle 7.3* ist allerdings zu differenzieren, da sich sowohl der deutsche als auch der japanische FuE-Stand in den einzelnen FuE-Gebieten voneinander unterscheiden (siehe *Tabelle 7.4*). Die in den FuE-Gebieten zusammengefaßten Thesen beziehen sich dabei jeweils auf unterschiedliche Innovationsstufen von der Aufklärung von Grundprinzipien bis hin zur Verbreitung von Anwendungen. Die Werte geben also im Gegensatz zur Patentstatistik bzw. Bibliometrie nur eine aggregierte Aussage entlang des gesamten Innovationsprozesses wieder.

Eine vergleichsweise gute Ausgangsposition hat Deutschland nach *Tabelle 4* im Bereich der bio-/humanwissenschaftlichen Grundlagenforschung. Probleme gibt es in der Umsetzung von Erkenntnissen daraus in innovative IT (vgl. *Abbildung 7.3*).

In *Abbildung 7.4* wird schließlich Deutschlands relative Position in FuE und die wirtschaftliche Bedeutung ausgewählter FuE-Gebiete gegenübergestellt. Daraus ergibt sich, daß Deutschland für einige bedeutende Gebiete als rückständig beurteilt wird.

---

[96] Durchschnittliche Anzahl der Fälle, in denen die jeweilige Antwort-Kategorie angekreuzt wurde, in Prozent. Gemittelt wurde jeweils über alle relevanten Thesen.

Tabelle 7.4:   FuE-Position differenziert nach Gebieten der themenbezogenen Auswertung des deutschen Delphi-Berichts. In der Delphi-Untersuchung wurde nach dem Land gefragt, dessen FuE-Bemühungen um eine Realisierung der jeweiligen Zukunftsvision am weitesten sind[97] (mehrfache Nennungen waren möglich).

FuE-Gebiet	USA	Japan	Deutsch-land	anderes EU-Land	anderes Land
Bio-/Humanwissenschaftliche Grundlagenforschung und Meßmethoden					
Meßmethoden	88	36	57	8	3
Molek. Signalverarbeitung	97	25	49	18	2
Komplexe Gehirnfunktionen	93	24	42	9	3
Hardwaretechnologien (HW) mit bioidentischen Elementen					
Hyb. HW auf molekul. Ebene	89	27	36	5	2
Hyb. HW auf zellulärer Ebene	95	54	22	5	0
(Bio-)molekulare Speicher	82	59	29	2	1
Biosensorik	88	47	60	9	2
Implantate	88	40	46	10	2
Bioanaloge Hardwaretechnologien					
Bioanaloges Chipdesign	87	51	27	0	0
Bioanaloge Software-Konzepte					
Anpassungsfähige Software	94	29	16	3	2
Künstliche Intelligenz	88	29	32	6	2
Robotik-Anwendungen					
Bau-/Wartungsroboter	45	81	30	6	4
Versorg.-/Unterstützungsrob.	61	72	29	8	1
Anwendungen an der Mensch-Maschine-Schnittstelle					
Sprachverarbeitung	79	38	57	7	2
Optische Mustererkennung	75	47	30	5	3
Intelligente Datenbanken	94	31	32	6	1
Agententechnologie	95	31	30	6	2
Herkömmliche Halbleitertechnologien					
Prozessortechnologie	88	50	19	1	1
Speichertechnologie	64	80	15	1	1

97 Durchschnittliche Anzahl der Fälle, in denen die jeweilige Antwort-Kategorie angekreuzt wurde, in Prozent. Gemittelt wurde über die Thesen des jeweiligen Gebietes. Je nach Gebiet lagen dabei unterschiedlich viele Thesen vor.

Abbildung 7.3:   Links: Vergleich der Beurteilung der deutschen Ausgangsposition in der FuE biologisch inspirierter IT mit der Gesamtbeurteilung des Themenbereichs Information & Kommunikation (IuK) im deutschen Delphi-Bericht. Rechts: Vergleich der Beurteilung der deutschen Ausgangsposition in der IT-relevanten bio-/humanwissenschaftlichen Grundlagenforschung mit der Gesamtbeurteilung des Themenbereichs Gesundheit & Lebensprozesse (Biomedizin).

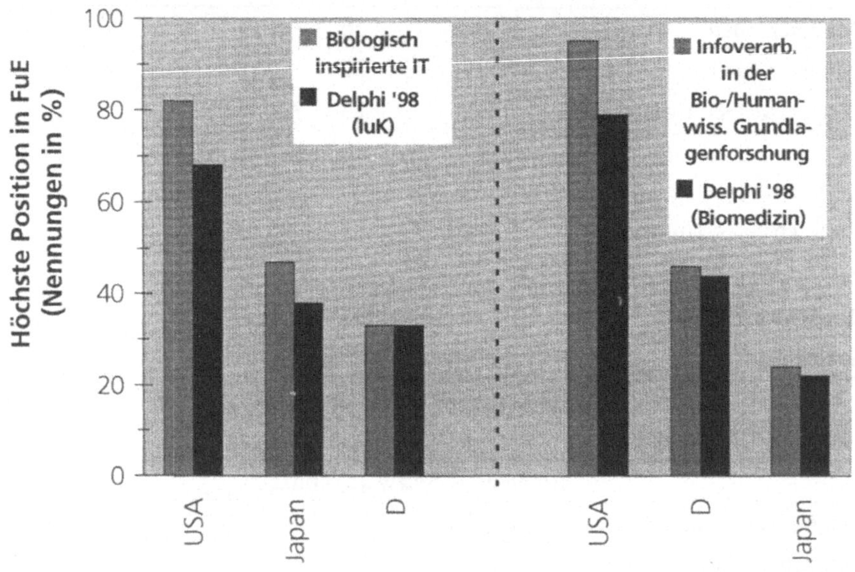

Für herkömmliche Prozessor- und Speichertechnologien auf Halbleiterbasis ist dies bekannt[98]. Es besteht jedoch der Eindruck, daß sich dieser Rückstand auch bei neuen Ansätzen in der Entwicklung informationstechnischer Hardware wie hybrider Hardware auf molekularer Basis (DNA-Computing, biomolekulare Elektronik) oder bioanalogem Chipdesign (evolvable hardware, neuronale Chiparchitekturen, automatisiertes Chipdesign) fortsetzen könnte. Auch bei Methoden, die zu mehr Adaptivität auf der Software-Ebene führen, wird für Deutschland Nachholbedarf signalisiert.

Während sich in der Patentstatistik noch eine relativ gute Positionierung im Bereich der Robotik zeigt (vgl. *Abbildung 7.2*), werden Deutschlands Bemühungen um eine Realisierung zukünftiger Robotik-Anwendungen im Vergleich zu den USA und Japan eher skeptisch beurteilt.

---

[98] Vgl. BMBF 1998: Zur technologischen Leistungsfähigkeit Deutschlands. Aktualisierung und Erweiterung 1997. BMBF: Bonn

Abbildung 7.4: Deutschlands relative Position in FuE reflektiert an der wirtschaftlichen Bedeutung ausgewählter FuE-Gebiete[99]:

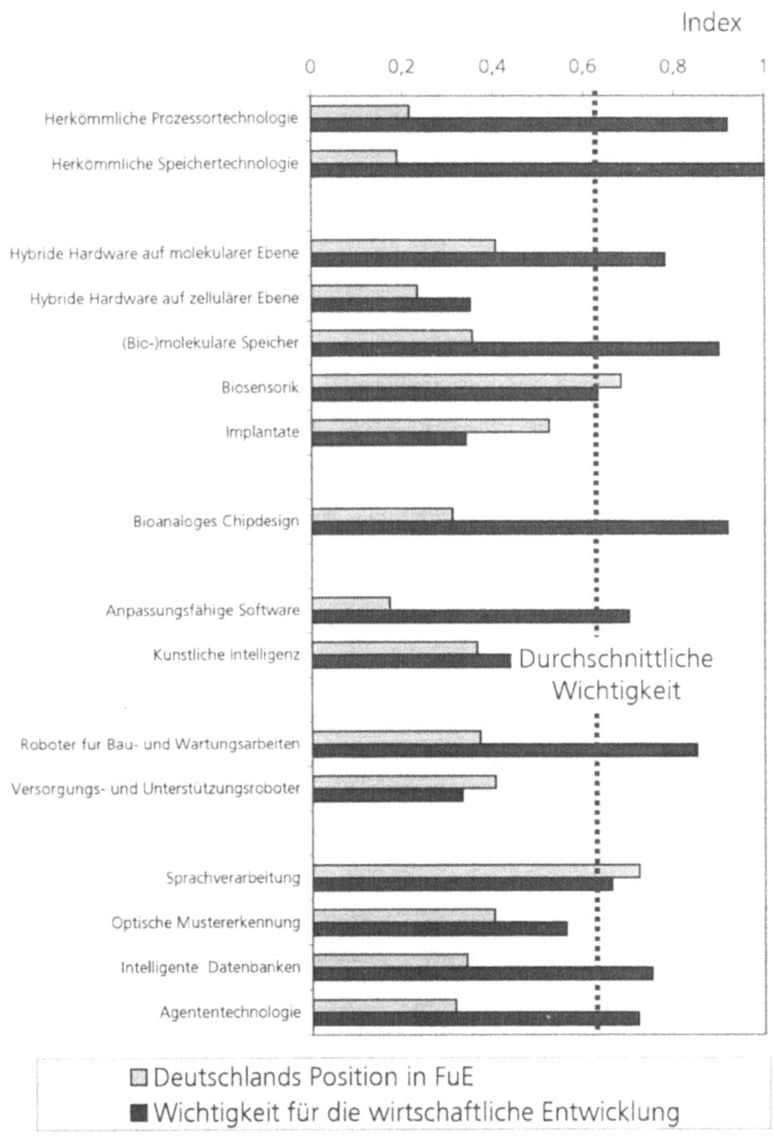

99 Die Indizes wurden dabei folgendermaßen berechnet: Die relative Position in FuE entspricht dem Verhältnis der Prozentangaben zu Deutschland in Tabelle 7.4 zu dem Land mit der besten Positionierung (bis auf die Robotik ist dies die USA). Der Index für die wirtschaftliche Bedeutung entspricht dem Anteil der Experten, die das jeweilige FuE-Gebiet als wichtig für die wirtschaftliche Entwicklung gesehen haben.

Abgesehen von Technologien zur Sprachverarbeitung[100] (Spracherzeugung, -erkennung und -übersetzung) wird Deutschlands Ausgangsposition hinsichtlich zukünftiger unterstützender Funktionen an der Mensch-Maschine-Schnittstelle ebenfalls als ungünstig beurteilt. Im Rahmen der Delphi-Auswertung wurde dies zwar nur in bezug auf intelligente Datenbank-Konzepte und Agententechnologien untersucht (nach *Abbildung 7.4* Gebiete mit relativ hohen Bewertungen hinsichtlich ihrer wirtschaftlichen Bedeutung); die geführten Expertengespräche bestätigen dies jedoch auch in anderer Hinsicht (u. a. maschineninterpretierbare Organisation von Wissen).

Deutschlands Position in FuE

Zusammenfassend ergibt sich folgendes Bild von Deutschlands Position im internationalen Vergleich:

- Deutschland ist hinsichtlich der bio-/humanwissenschaftlichen Grundlagenforschung durchschnittlich positioniert. U.a. die MPI genießen hinsichtlich prinzipiell IT-relevanter Forschungsgebiete in der Biologie auch im Ausland einen sehr guten Ruf. Die Forschungsarbeiten sind jedoch oftmals auf spezielle Fragestellungen in anderen Wissenschaftsdisziplinen ausgerichtet und stellen den möglichen Bezug zu biologisch inspirierter IT nicht explizit dar. Dies gilt auch für die über die DFG geförderten Aktivitäten. Es wurden insgesamt keine spezifischen Schwächen, aber auch keine herausragenden Stärken deutlich. Die Tatsache, daß theorie- bzw. modellorientierte Arbeiten im Vergleich zur experimentellen Forschung immer noch stark unterrepräsentiert sind, ist auch im Ausland zu beobachten.

- In nahezu allen identifizierten IT-Bereichen mit Bezug zur Biologie sind Ansätze in der Forschung vorhanden, an die angeknüpft werden kann. Die Bereiche adaptiver, bioanaloger Hardwaretechnologien und hybrider Informationsverarbeitung auf molekularer Ebene (DNA-Computing) sind jedoch in Deutschland verglichen mit internationalen Aktivitäten deutlich unterrepräsentiert. Insgesamt werden Deutschlands FuE-Bemühungen von den Experten deutlich hinter den USA und vor allem hinsichtlich autonomer Systeme (Robotik) auch hinter Japan gesehen.

- Der Rückstand hinsichtlich biologisch inspirierter IT wird auch in wirtschaftlich bedeutenden Bereichen festgestellt (vgl. *Abbildung 7.4*).

---

[100] Im Gegensatz zur rückständigen Position Deutschlands in der Vergangenheit, wie aus der Patentstatistik folgte, scheint hier aufgeholt worden zu sein, da die Ausgangsbasis für zukünftige Sprachverarbeitungstechnologie vergleichsweise günstig beurteilt wird.

- Forschungsergebnisse zu biologisch inspirierter IT schlagen sich in Deutschland nur in geringem Ausmaß in konkreten, patentierten Produktentwicklungen nieder[101]. Hier nimmt die USA eine klar führende Rolle ein.

Öffentliche Forschungsförderung

Die Förderung IT-relevanter Grundlagenforschung in den Bio-/Humanwissenschaften in Deutschland wird als vergleichsweise gut eingeschätzt. Der explizite Bezug zu Möglichkeiten der Umsetzung in die IT wird dabei allerdings nicht hergestellt und auch nicht gezielt nachgefragt.

Biologisch inspirierte IT ist überwiegend noch der langfristig anwendungsorientierten Grundlagenforschung zuzuordnen. Die diesbezügliche Förderung im internationalen Vergleich läßt folgende Schlußfolgerungen zu:

- Die anwendungsorientierte Grundlagenforschung findet außer in den Hochschulen wesentlich in der Helmholtz-Gemeinschaft Deutscher Forschungszentren (HGF) und in der Gottfried-Wilhelm-Leibniz Gesellschaft (WGL) statt (vgl. auch *Abbildung 7.1*). Insgesamt ist die Forschung zu biologisch inspirierter IT innerhalb der HGF allerdings ausbaufähig. Auch innerhalb der WGL sind mit der Ausnahme des IMB in Jena und des Instituts für Neurobiologie in Magdeburg die diesbezüglichen Aktivitäten noch gering. Innerhalb der HGF und der WGL liegen jedoch Potentiale vor, die anwendungsorientierte Grundlagenforschung im allgemeinen Kontext biologisch inspirierter IT sowie im speziellen Kontext der *Bioinformation* vorantreiben könnten. Dazu wäre eine Akzentuierung des Themas notwendig. Das Interesse und die Voraussetzungen für zukünftige Anwendungen in der IT mit mehr Biologienähe sind unter deutschen Wissenschaftlern sowohl an universitären als auch an außeruniversitären Forschungsstätten vorhanden. Eine ergänzende Förderung von grundlagenorientierter Forschung mit expliziten mittel- bis langfristigen Anwendungszielen wäre

---

101 Daß es allerdings auch in Deutschland erfolgreiche Beispiele für den Transfer zwischen Grundlagenforschung und Industrie im IT-Bereich gibt, sei an einem Beispiel aus der Medizintechnik erläutert. Neurowissenschaftlern gelang es zu zeigen, daß die Kohärenz zellulärer Aktivitäten in neuronalen Strukturen Voraussetzung ist für integrierte Informationsverarbeitung. Daraus leitete sich die Hypothese ab, daß die kontrollierte Aufhebung dieser Kohärenz beispielsweise für das Narkosemonitoring genutzt werden könnte. Bis heute ist es Anästhesisten kaum möglich, die Narkosetiefe am Zielorgan der Narkose, nämlich dem Gehirn eines individuellen Patienten, zu überwachen. Es konnte gezeigt werden, daß eine bestimmte Klasse von Anästhetika die Kohärenz neuronaler Aktivitäten aufhebt, und daß dieser physiologisch meßbare Zustand aufgehobener Informationsverarbeitung in bestimmten Hirnstrukturen mit dem Zustand der Narkose korreliert. Ausgehend von dieser Beobachtung aus der Grundlagenforschung (die im übrigen in einem ganz anderen Kontext erarbeitet wurde), haben sich zwei Firmen in Deutschland entschlossen, gemeinsam ein Instrument zur Überwachung der Narkosetiefe zu entwickeln, wobei sie sich mit erheblichen Eigenmitteln engagieren. Dieses Projekt kann beispielhaft dafür stehen, daß Applikationen im IT-Bereich aus der biologischen Forschung heraus nicht antizipierbar sind, daß aber durch Offenheit von beiden Seiten, der Wirtschaft und der Wissenschaft, ein gemeinsames Produkt entwickelt werden kann.

optimal und könnte u. a. in den entsprechenden Einrichtungen der HGF und der WGL neue Akzente setzen.

- In den USA und in Japan wird die biologisch inspirierte IT (bzw. die *Bioinformation*) als Thema der sogenannten strategischen Forschungsförderung (mittel- bis langfristige Anwendungsperspektive) gesehen und entsprechend gefördert. Gefördert werden dabei i. a. innerhalb bis zu zehnjähriger Programme überwiegend Projekte mit Laufzeiten unter 5 Jahren (meist nur 3 Jahre). Die Projekte sind weitgehend an bestehenden Forschungseinrichtungen angesiedelt. Institutsgründungen sind die Ausnahme. Die Streuung der Fördergelder auf Projekte, die verschiedene Arbeitslinien verfolgen, trägt dem Risiko möglicher Mißerfolge Rechnung. Insbesondere die auffälligen Aktivitäten des DARPA in den USA werden dort unter dem Aspekt „high risk – high impact" gesehen.

- Für Forschungsaktivitäten, die sich schlecht in etablierte Forschungsgebiete einreihen lassen (dies gilt für viele der Aktivitäten im Kontext biologisch inspirierter IT) spielen in den USA die Foundations sowie DARPA eine wichtige Rolle. In Deutschland wird von den befragten Experten diesbezüglich eine Lücke gesehen.

- Insbesondere in den USA wurde ferner die Förderung des wissenschaftlichen Nachwuchses als wesentliche Basis für die Zukunft der *Bioinformation* sowie der biologisch inspirierten IT insgesamt erkannt. Dies äußert sich in der Einrichtung von Aufbaustudiengängen sowie der personenbezogenen Förderung (überwiegend für die Weiterbildung technisch/physikalisch/mathematisch qualifizierter Forscher).

- Neben für die interdisziplinäre Arbeit qualifiziertem Personal wird in den USA auch die Notwendigkeit gesehen, auf verschiedene Biologiedisziplinen verteilte Forschungsergebnisse u. a. zur Nutzbarmachung des Innovationspotentials für die IT zusammenzuführen. Dafür wurden spezielle Programme eingerichtet.

Industrielle Aktivitäten

In der Bewertung des Themas biologisch inspirierter IT bzw. *Bioinformation* sind in der deutschen Industrie Unterschiede zur Situation in den USA und in Japan zu verzeichnen.

- In den USA und in Japan sind die industriellen Aktivitäten deutlich stärker ausgeprägt. Anwendungsorientierte Grundlagenforschung zur *Bioinformation* bzw. zu biologisch inspirierter IT insgesamt wird an deutschen Unternehmen der IT-Branche fast nicht betrieben. Bio-/Humanwissenschaftler sind in den entsprechenden industriellen Forschungslabors im Gegensatz zu den USA und Japan eine Seltenheit. Auch informelle Kontakte sind rar. In den USA und in Japan wird von Experten aus der industriellen Forschung die Notwendigkeit betont, biologische Erkenntnisse aus „erster Hand" zu beziehen, um das bestehende Innovationspotential ausschöpfen zu können.

- Insbesondere in den USA sind zunehmend auch Gründungen kleiner Unternehmen als „spin-off" der Forschung zu beobachten. Einige Experten sehen für Unternehmensgründungen im Zusammenhang mit biologisch inspirierter IT ein ähnliches Potential wie im Falle der Biotechnologie.

8   Schlußfolgerungen

Die Gestaltung zukünftiger IT wird voraussichtlich in hohem Maße von Erkenntnissen aus den Bio- und Humanwissenschaften profitieren. Biologische Systeme bieten ein großes Potential, um die bestehenden Defizite in der IT zu überwinden.

Verschiedene Zeithorizonte und Formen des bereits bestehenden Wissentransfers, die Art der Anleihen aus der Biologie, die Biologie- und Technikdisziplinen, die davon betroffen sind, sowie die in der Forschung zu überwindenden Hindernisse lassen es zweckmäßig erscheinen, drei verschiedene Arbeitslinien auseinanderzuhalten, über die Erkenntnisse in die Gestaltung von IT einfließen:

1. Durch die Integration bioidentischer Funktionselemente werden Eigenschaften biologischer Systeme direkt genutzt. Die Nutzung biologischer Materialien für die technische Informationsverarbeitung eröffnet langfristig neue Perspektiven (u. a. DNA-Computing, Computing mit Zellen und Zellverbänden). Sowohl mittel- als auch kurzfristig sind allerdings bereits Innovationen im Bereich der Sensorik (Biosensoren, DNA-Chips) und im Bereich der Speicherung (Biomolekulare Speicher) zu erwarten. Die stärksten Bezüge sind in diesem Fall zur Molekular- und Zellbiologie. Wesentliche Hindernisse sind hier technische Probleme, die u. a. mit der Immobilisierung und der Stabilisierung der biologischen Komponenten sowie dem I/O-Interface zusammenhängen.

2. Für bioanaloge Technologien müssen Modelle für die biologischen Vorbild-Systeme vorliegen (*Bioinformation = natürliche Prinzipien oder Architekturen in der IT*). Durch diesen Abstraktionsschritt lassen sich die gewünschten Funktionen prinzipiell auch auf einem anderen Substrat (etwa herkömmlicher Hardware) erzeugen. Für die Modellierung sind zwei Tiefen der Abbildung biologischer Systeme zu unterscheiden:

   a) Zunächst geschieht der Analogieschluß auf einer eher heuristischen Ebene, z. B. durch das Kopieren spezieller Vorbildsysteme aus der Biologie (u.a. Immunsystem, Neuronenverbände) oder auch durch die Modellierung bestimmter Einzelaspekte (z. B. evolutionäre Mechanismen). Aufgrund der Vielzahl biologischer Systeme liegt hier ein reichhaltiges, bislang noch weitgehend unerschlossenes Potential für technische Anwendungen. Ebenso wie bei der direkten Nutzung bioidentischer Funktionselemente setzen derartige Anwendungen nicht notwendig voraus, daß die zugrundeliegenden Prinzipien (insbesondere die Struktur-Funktions-Zusammenhänge) vollständig verstanden sind. Sie basieren wesentlich auf dem Effekt, daß durch Kopieren gewisser struktureller Grundeigenschaften auch bestimmte funktionale Leistungen der biologischen Vorbilder auf die künstlichen Systeme transferiert werden. Daraus sind Innovationen sowohl im Bereich der Hardware (u. a. evolvable hardware, neuronale Chiparchitekturen) als auch der Softwaremethoden (u. a. Genetic Programming, Computer-Immunologie, Künstliche Neuronale Netze) zu erwarten. Über den Aspekt der Informationsverarbeitung hinaus werden von bioanalogen Technologien auch die Sensorik (adaptive Sensoren), die Informationsspeicherung sowie die Übermittlung/Verteilung von Information berührt. Die Biologiebezüge umfassen hier alle Organistionsebenen von der Molekularbiologie bis zu den Ökosystemen. Ein wesentliches Hindernis ist das Defizit an Modellen biologischer Systeme.

b) Auf längerfristige Sicht wäre es noch von weit größerem Interesse, wenn zur Strategie des Kopierens eine Strategie in Richtung auf eine „systemorientierte biologische Informationstheorie" verfolgt würde. Erst dadurch würde es möglich, die in der Biologie gewonnenen Erkenntnisse ohne die sonst auftretenden Einschränkungen durch das spezielle technische Substrat oder einen spezifischen Anwendungskontext in breiter Form auf allen Ebenen des Designs technischer Systeme einsetzen zu können. Für Fortschritte in dieser Richtung ist es nicht notwendig, daß bereits eine geschlossene Theorie vorliegt. Ein universelles Prinzip der biologischen Informationsverarbeitung liegt vom gegenwärtigen Kenntnisstand aus auch noch in weiter Ferne. Jeder einzelne Schritt in Richtung auf eine Erhöhung des Abstraktions- und Formalisierungsgrades verbreitert allerdings das Potential für technische Anwendungen insbesondere auf der Systemebene. Für eine solche Theoriebildung sind funktional orientierte Arbeitslinien jenseits der klassischen, an Organisationsebenen orientierten Biologiedisziplinen notwendig.

3. Informationstechnische Systeme sind nur dann effizient, wenn neben einer *adäquaten Darstellung (Informationsvermittlung) die adäquate Einbettung in den Nutzungskontext (Umsetzung von Information in Wissen)* als Gestaltungskriterium dienen. Im Vordergrund steht hier der Mensch und die diesbezüglichen Wissenschaften von der Wahrnehmungsphysiologie und -psychologie über Emotions- und Kommunikationspsychologie sowie die Kognitionswissenschaften und die Linguistik bis hin zu den Sozial- und Kulturwissenschaften. Die adäquate Gestaltung der Mensch-Maschine-Schnittstelle ist bereits heute ein etabliertes Thema in der IT. Das Potential nutzbarer Erkennisse ist allerdings bei weitem nicht ausgeschöpft und verspricht über einen weiten Zeithorizont innovative Lösungen. Erkenntnisse aus den Bio-/Humanwissenschaften können hier direkt in die Gestaltung von IT einfließen, da die zugrundeliegende Technik selbst nicht notwendigerweise auf bioanalogen oder bioidentischen Konzepten aufsetzen muß.

Diese pragmatisch begründete Trennung auf der technologischen Seite darf jedoch Synergien nicht vernachlässigen. Arbeitsgebiete in den Bio-/Humanwissenschaften können gleichermaßen auf mehr als eine der Arbeitslinien ausstrahlen und etwa bioanaloge Konzepte (z. B. evolutionäre Strategien) auch in die Gestaltung der Mensch-Maschine-Schnittstelle einfließen (vgl. Kapitel 6.2).

Die drei Formen des Transfers bio-/humanwissenschaftlicher Erkenntnisse in die IT betreffen alle Aspekte der Informationstechnologie und berühren damit Anwendungen mit hohem Marktpotential. Die bereits heute in Anwendungen realisierten IT-Konzepte mit biologisch lautenden Namen haben allerdings überwiegend einen nur metaphorischen Bezug zu bio-/humanwissenschaftlichen Erkenntnissen. Sie bleiben nach Auffassung der Experten hinter dem Innovationspotential fundiert aufgegriffener Erkenntnisse zurück und unterliegen nicht in gleichem Maße den nachfolgend aufgezeigten Hemmnissen. Von den in Kapitel 8.2 bis 8.4 abgeleiteten Schlußfolgerungen werden sie daher auch nicht spezifisch adressiert. Der Schwerpunkt liegt auf den Charakteristika bioanaloger Ansätze bzw. der so eingegrenzten *Bioinformation*.

In Japan und den USA werden im Rahmen neuer Förderaktivitäten bereits explizit verschiedene Aspekte analoger IT im speziellen bzw. biologisch inspirierter IT generell unterstützt. In Deutschland werden Innovationen in der IT mit Bezug zur Biologie derzeit noch überwiegend implizit gefördert.

Hemmnisse, die alle Aspekte analoger IT gleichermaßen betreffen, erfordern einen Rahmen, der die Generierung IT-relevanter Erkenntnisse in den Bio-/Humanwissenschaften sowie deren Transfer über die Forschung in der Informatik/IT bis hin zur industriellen Entwicklung begünstigt.

8.1   Hemmnisse

Das Innovationspotential bioanaloger IT wird überwiegend mittel- bis langfristig gesehen. Dies gilt auch für die biologisch inspirierte IT insgesamt. Zu hoch gesteckte Erwartungen an den Zeitpunkt möglicher Realisierungen einerseits bzw. nicht einzuhaltende Versprechungen andererseits könnten künftig das größte Innovationshemmnis sein. Eine vergleichbare Entwicklung ließ sich etwa im Bereich der Künstlichen Intelligenz in der jüngeren Vergangenheit beobachten.

Nach Auswertung der Expertengespräche und der Analyse der Indikatorik-Ergebnisse können die bestehenden Hemmnisse zwei Bereichen zugeordnet werden:

- „Hemmnisse an der Innovationsbasis" – Defizite bei der Generierung neuen Wissens in der IT-relevanten, bio-/humanwissenschaftlichen Grundlagenforschung bzw. der Forschung im Bereich bioanaloger IT.

- „Hemmnisse im Innovationsprozeß" – Verbindung öffentlicher und industrieller Forschung.

Viele Hemmnisse, die in späteren Innovationsphasen auftreten können, wurden in dieser Studie nicht berücksichtigt. Deren Untersuchung sollte jedoch frühzeitig angegangen werden, wenn ein Förderschwerpunkt gebildet werden sollte.

Defizite bei der Generierung IT-relevanter Erkenntnisse

Innovationshemmnisse in der *Bioinformation* resultieren zum einen aus den Charakteristika der entsprechenden Forschung. Das Forschungsfeld der *Bioinformation* ist charakterisiert durch eine außergewöhnlich breite Interdisziplinarität und visionäre Forschungsansätze mit hohem Risiko des Scheiterns. Wegen der Interdisziplinarität sind die Aktivitäten oft schlecht in etablierte Arbeitsgebiete einzureihen. Modelle biologischer Systeme sind zwar Voraussetzung für eine bioanaloge IT, liegen aber bislang nur unzureichend vor. Dem Modell- bzw. Theoriedefizit in der Biologie stehen dafür mit wachsender Steigerungsrate zunehmende experimentelle Befunde gegenüber.

Interdisziplinarität (vgl. Kapitel 2.3) setzt einerseits die Bereitschaft zur Zusammenarbeit voraus. „Sensoren" für andere relevante Disziplinen müssen dafür bereits frühzeitig während der wissenschaftlichen Ausbildung angelegt werden, was im Falle der *Bioinformation* bislang nur unzureichend der Fall ist.

Einer koordinierten Zusammenarbeit stehen im Kontext *Bioinformation* bislang wissenschaftliche Sprachbarrieren und schlecht verfügbares, da überwiegend nach disziplinär orientierten Terminologien vorgehaltenes Wissen entgegen. Über die verschiedenen Terminologien hinaus haben die betroffenen Disziplinen einen unterschiedlich motivierten Zugang zum Untersuchungsgegenstand[102], was nach Aussage interdisziplinär arbeitender Experten in der Vergangenheit Reibungsverluste zur Folge hatte. Die unterschiedlichen Interessenlagen führten in den Expertengesprächen nicht selten zu verallgemeinernden Vorurteilen[103] der „Disziplinen an sich".

---

102 Während für manche Biologen z. B. die Einzigartigkeit der jeweiligen biologischen Systeme im Vordergrund steht, sind etwa für viele der befragten Physiker eher die Gemeinsamkeiten im Mittelpunkt des Interesses. Daraus resultiert andererseits der Vorwurf der unzulässigen Vereinfachung. Für ingenieurwissenschaftliche Disziplinen wiederum ist die zuverlässige, optimierte Lösung eines gegebenen Problems zentral. Biologische Systeme genügen diesem Ideal nicht uneingeschränkt. Hier liegen oft nur ausreichende Lösungen vor, und Zuverlässigkeit ist reduziert auf Wahrscheinlichkeitsangaben.

103 Biologen wird fehlendes Interesse an Fragestellungen der IT bzw. mangelnde Fähigkeiten zur Theorie-/Modellbildung vorgeworfen, Informatikern ein unzureichendes Verständnis der Mathematik sowie fehlende analytische Fähigkeiten bzw. die Neigung zu singulären Experimenten, ohne auf Reproduzierbarkeit und statistische Signifikanz zu achten, Biologen und Physikern mangelnde Programmierkenntnisse und letzteren außerdem eine grundsätzliche Arroganz gegenüber anderen Disziplinen. Dies sind nur einige Beispiele für die teilweise sehr pointierten Aussagen über Mitarbeiter aus anderen Disziplinen.

Auch wenn es sich dabei nur um Vorurteile handeln sollte, hindern diese gleichwohl die konstruktive Zusammenarbeit.

Interdisziplinarität läßt sich neben der koordinierten Zusammenarbeit von Spezialisten aus verschiedenen Disziplinen prinzipiell auch durch multidsziplinäre Kompetenz in einer Person erzielen. Dies kann allerdings zur Folge haben, daß der Einzelne entweder seine ursprüngliche Ausbildungskompetenz verliert oder aber nur oberflächlich das Wissen der jeweils anderen Disziplin(en) aufnimmt. Im ersten Fall ergeben sich auch negative Konsequenzen für den weiteren Werdegang des Betroffenen. Oberflächliche Analogiebildung hingegen führt sehr schnell zu schlechter Wissenschaft. Als generelle Forderung erscheint der multidisziplinäre „Kopf" unrealistisch. Neben multidisziplinär qualifizierten Einzelpersonen (so es sie gibt) bedarf es also auch zusätzlich geeigneter Rahmenbedingungen für die interdisziplinäre Zusammenarbeit verschieden qualifizierter Forscher.

Die wiederholt betonte Notwendigkeit in den Bio-/Humanwissenschaften, sowohl verschiedene Untersuchungsebenen, z. B. Molekularbiologie, Neurophysiologie und Neuropsychologie, stärker zusammenzuführen als auch die Erkenntnisse zu verschiedenen Subsystemen, wie z. B. Immunsystem, endokrines System und neuronales System, vermehrt gegenüberzustellen, um im Verständnis der Lebensfunktionen weiterzukommen, würde gleichzeitig zu neuen Impulsen für biologisch inspirierte IT führen. In zahlreichen Expertengesprächen wurde darauf hingewiesen, daß IT-relevante Erkenntnisse in den Bio-/Humanwissenschaften insbesondere aus solchen Annäherungen hervorgehen, da diese eine Vertiefung des für die Übertragung in die IT notwendigen Verständnisses von Grundprinzipien fördern.

An die Erforschung neuer Methoden in der IT ist der parallele Vorwurf gerichtet, daß den derzeitigen Arbeitsgebieten bislang eine Art theoretischer Struktur bzw. ein konsistenter gemeinsamer Rahmen im Sinne einer allgemeinen Strukturtheorie biologischer Informationsverarbeitung (vgl. Kapitel 3 und 4) fehlt, der diese zusammenhält und aus dem sich neue Erkenntnisse ergeben können. Die Demonstration neuer Möglichkeiten beläuft sich häufig auf Einzelfälle, und eine systematische Analyse der Leistungsfähigkeit und Grenzen bleibt aus. Erkenntnisse aus den Bio-/Humanwissenschaften werden ferner oft oberflächlich bezogen, und es findet keine fundierte Auseinandersetzung mit dem biologischen Vorbild statt.

Eine verbesserte Zusammenarbeit in der Forschung muß nicht primär auf konkreter Projektförderung aufbauen, sondern bereits im Vorfeld bestehen Möglichkeiten. Allgemein gehaltene Veranstaltungen[104] wirkten in der Vergangenheit inspirierend und können Signalwirkung haben. Einige der im Laufe der Expertengespräche ge-

---

104 Im Stile der *Bioinformation*stagung in Göttingen oder des vom BMBF geförderten Treffens „Wege ins Hirn" in Seeon.

hörten „success stories" zur Übertragung biologischer Erkenntnisse in die IT basierten auf einem anfänglichen Kontakt am Rande derartiger Veranstaltungen.

Für die konkrete Entwicklung von Projektideen sind allerdings spezialisierte Kommunikationsplattformen notwendig. Trotz zahlreicher bestehender bzw. in den letzten Jahren entstandener Foren wird jedoch immer noch ein Mangel an geeigneten Konferenzen, Workshops etc. gesehen, in denen der zielorientierte Wissenstransfer von den Bio-/Humanwissenschaften in die Informationstechnologie stattfinden kann. Insbesondere sind Veranstaltungen rar, in denen gleichzeitig Fachexperten aus verschiedenen biologischen Arbeitsgebieten (z. B. Immunologie und Neurowissenschaften) zusammenkommen und unter Beisein von Industrievertretern Lösungsansätze für konkrete Probleme in der IT erörtern.

Ein weiteres Problem ist der Mangel an strukturierten Informationsquellen für interdisziplinäre Arbeit. Es gibt dafür zwar erste Ansätze im Internet, diese sind jedoch nicht ausreichend. Eine stärker funktionale und prozeßorientierte Strukturierung biologischer Erkenntnisse (vgl. Kapitel 4) würde eine bessere Anbindung an Fragestellungen in der IT ermöglichen und könnte gleichzeitig die bestehenden interdisziplinären Aktivitäten im Kontext *Bioinformation* verbinden und transparent machen[105]. Inhaltliche Information ließe sich so auch mit potentiellen Ansprechpartnern koppeln.

Die sehr stark in Spezialgebiete zerfallenen Forschungsaktivitäten im Kontext *Bioinformation* treffen nach Aussagen der Experten ferner auf eingeschränkte Publikationsmöglichkeiten. In Fachzeitschriften mit Querschnittscharakter sind die Artikel Physikern zu biologisch oder Medizinern und Biologen zu mathematisch usw.. Jeweils nur wenig überlappende Leserkreise hochspezialisierter Fachzeitschriften – in manchen Fällen gibt es nicht einmal diese - behindern den Austausch von Wissen.

Viele der Forschungs-Ansätze sind mit einem hohen Risiko des Scheiterns behaftet; u. a. weil die zugrundeliegenden Modelle oder methodischen Konzepte noch sehr spekulativ sind. In den USA scheint man eher in der Lage zu sein, mit neuen Ideen "herumzuspielen"; in Europa fehlt nach Ansicht mancher emigrierter Experten hingegen eine "spielerische Mentalität[106]".

---

105 Das in Großbritannien geplante, internetbasierte Netzwerk CytoNet (http://www.csc.liv.ac.uk/~rcp/CytoCom/CytoNet.html) ist ein Beispiel für die Bündelung verschiedener Forschungsaktivitäten im Kontext *Bioinformation* auf einer gemeinsamen Informationsplattform.

106 Ein in diesem Zusammenhang genanntes Beispiel ist DNA-Computing.

Verbindung von öffentlicher und industrieller Forschung

Die mit der *Bioinformation* verbundenen Informationstechnologien sind stark wissenschaftsbasiert und derzeit überwiegend grundlagenorientiert.

Grundlagenforschung (im Kontext *Bioinformation*) findet in Deutschland im industriellen Bereich so gut wie gar nicht statt; im Gegensatz zu japanischen[107] und auch US-amerikanischen Konzernen[108], die darin eine strategische Bedeutung sehen. Auch der Transfer der Forschungsergebnisse in die industrielle Entwicklung in Deutschland ist nach den Ergebnissen der Patentstatistik im Vergleich zu den USA bislang rückständig. Statt langfristige Entwicklungen mitzugestalten, fördert die deutsche IT-Industrie überwiegend kurzfristig erfolgversprechende Bereiche des Wissenstransfers bzw. versucht, solche kurzfristigen Erfolge durch Förderung zu generieren.

Diese Situation wird vom Gros der Experten kritisiert, da hierdurch u.U. Innovationschancen verspielt werden. Denn der Abstand zwischen neuesten Forschungserkenntnissen einerseits und der am weitesten fortgeschrittenen Technik andererseits ist im Falle der *Bioinformation* vergleichsweise gering - sowohl in bezug auf Knowhow als auch in bezug auf die Zeit der Umsetzung.

Andererseits fallen Forschungsaktivitäten im Kontext *Bioinformation* auch in eine Lücke öffentlicher Förderung. Dies liegt u. a. daran, daß sich die entsprechenden Aktivitäten sowohl im Bereich der bio-/humanwissenschaftlichen Grundlagenforschung als auch im Bereich der Informatik/IT neben etablierten Arbeitsgebieten erst noch behaupten müssen.

Ferner fehlt es aber auch an einer Unterstützung grundlegender, längerfristig angelegter und interdisziplinärer Forschung. Projekte, die zwischen reiner Grundlagenforschung (DFG) und konkretem Anwendungsbezug (BMBF) liegen, fallen aus der Förderstruktur weitgehend heraus. Grundlagenorientierte Projekte mit Anwendungspotential, also die sogenannte „strategische" Forschung (siehe Japan) werden dadurch übergangen. Die vom BMBF geforderte Industriebeteiligung an Forschungsprojekten hatte in der Vergangenheit nach Meinung der Experten eine hohe Fehlerquote bei der Auswahl förderwürdiger Projekte im Zusammenhang mit bio-/humanwissenschaftlich inspirierter IT zur Folge; zumindest, wenn man die damit erzielte Ausschöpfung des Innovationspotentials der Biologie betrachtet.

Notwendig ist es, langfristige Vorstellungen und Visionen so herunterzubrechen, daß auch in kürzeren Zeitspannen Fortschritte erkennbar sind (z. B. in kürzer ange-

---

107 Beispiele dafür sind NEC, NTT, Honda, Sony und Fujitsu.

108 Wie z. B. Bell, Xerox, Raytheon und nach Aussagen von Experten seit kurzem auch Microsoft.

legten Projekten innerhalb von Programmen[109]), ohne allerdings die Orientierung auf das langfristige Ziel zu verlieren. Die kurzfristig erfolgreichsten Ansätze sind nicht notwendigerweise die langfristig tragfähigsten (vgl. Kapitel 4 und 5).

Maßnahmen, die die künftige Entwicklung biologisch inspirierter IT begünstigen sollen, sollten an den genannten Defiziten ansetzen. Deutsche Unternehmen der IT-Branche müßten nach außen stärker an die Forschungstrends in der *Bioinformation* angebunden werden und sich intern auf zunehmende interdisziplinäre Zusammenarbeit mit Bio- und Humanwissenschaftler vorbereiten. Wobei die Erfahrung zeigt, daß Unternehmen weniger Probleme haben, Interdisziplinarität zu organisieren, als etwa Universitäten[110].

8.2. Schlußfolgerungen für die wissenschaftliche Ausbildung

Einen besonderen Stellenwert in den Aussagen der Experten und damit für die weitere Entwicklung des Bereichs *Bioinformation* nimmt die Ausbildung des wissenschaftlichen Nachwuchses ein. Die ergänzende inhaltliche und methodische Kompetenz würde wesentlich dazu beitragen, die geschilderten Kommunikationsbarrieren abzubauen.

Interdisziplinarität läßt sich durch Clusterung oder durch Ausbildung von Individuen erreichen. Eine Clusterbildung ist für Projekte mit klarer Zielstellung sinnvoll. Sofern dies in einer universitären Landschaft erfolgt, ist jedoch darauf zu achten, daß dies im wesentlichen auf den Bereich der Forschung beschränkt bleibt. Eine Ausbildung in interdisziplinären Clustern wird hingegen als unzureichend angesehen[111].

Der wissenschaftliche Nachwuchs sollte vielmehr befähigt werden, ausgehend von einem fundierten, disziplinär orientierten Studium disziplinübergreifend zu denken. Dafür sind Kompetenzen aus anderen als der Hauptdisziplin zu vermitteln. Notwendig sind dafür neben Aufbaustudiengängen auch spezielle Vorlesungen, Professuren und Strukturen, die es erlauben, Grenzen zu überschreiten[112], sowie finan-

---

109 Ein Beispiel dafür ist das DARPA-Programm „Ultrascale-Computing".

110 Vgl. z. B. Schmoch et al. (1996): The Organisation of Interdisciplinarity – Research Structures in the Areas of Medical Lasers and Neural Networks, S. 370. In: Reger, G. und Schmoch, U. (Eds.): Organisation of Science and Technology at the Watershed. The Academic and Industrial Perspective. Physica-Verlag.

111 Unter diesem Gesichtspunkt werden z.T. auch Spezialstudiengänge (etwa Medizintechnik) abgelehnt.

112 Beispiel: Einem Physiker ermöglichen, in Biologie zu promovieren.

zielle Mittel, insbesondere für die Förderung interdisziplinär arbeitender Doktoranden- und Postdoktoranden.

Für künftig im Kontext *Bioinformation* tätige Biologen wird von den befragten Experten gewünscht, in der Methodik die starke Dominanz der Empirie zu überwinden, wobei die quantitative Modellierung eine Schlüsselrolle einnehmen könnte. Diesbezüglich wurde vorgeschlagen, die Ausbildung von Biologen in Mathematik, Physik und Informatik stärker zu betonen. Dabei wären allerdings Vorlesungen auf den Kontext Biologie zuzuschneiden. Eine derartige Ergänzung der Ausbildung sollte bereits frühzeitig einsetzen, denn das Erwerben mathematischer, physikalischer oder ingenieurwissenschaftlicher Zusatzqualifikation nach einem abgeschlossenen Biologiestudium wird ohne zuvor bereitete Basis als schwierig betrachtet.

Eine solche Ergänzung des Biologiestudiums wird allerdings erst mittel- bis langfristig wirken.

Als kurz- bis mittelfristig wirkende Möglichkeit wird von den Experten die gezielte Unterstützung von Physikern, Informatikern, Mathematikern und Ingenieuren gesehen, als Doktoranden in die Biologie zu gehen (Beispiel Sloan-Foundation in den USA). Eine rein theoretische Auseinandersetzung mit biologischen Fragestellungen wird dabei allerdings als wenig zweckmäßig betrachtet. Es sind auch Kenntnisse („nasser") biologischer Methoden erforderlich.

In der Informatikausbildung könnten im Kontext *Bioinformation* ebenfalls Akzente gesetzt werden. Als nützlich wird bspw. erachtet, Simulationen und Modellierungen in der Informatik stärker als Experimente aufzufassen und dementsprechend mit dem notwendigen Werkzeug zu behandeln[113]. Eine frühzeitige Auseinandersetzung mit den Grenzen der derzeit in der Informatik vorherrschenden Paradigmen sowie mit Alternativen könnte Interesse an biologischen Systemen und deren Art, bestimmte Probleme zu lösen, wecken. Derart geschärfte „Sensoren" für andere Disziplinen sind Voraussetzung für interdisziplinäre Forschung.

8.3 Schlußfolgerungen für die Forschung

Wissen verfügbar machen und Foren des Wissenstransfers schaffen

Deutschland ist hinsichtlich der IT-relevanten, bio-/humanwissenschaftlichen Grundlagenforschung auf internationalem Niveau. Insbesondere die einschlägigen

---

113 Statistik, um etwa die Reproduzierbarkeit von Ergebnissen zu prüfen.

Institute der MPG genießen einen sehr guten Ruf. Vorhandenes Wissen ist allerdings schlecht verfügbar, da der mögliche Bezug zur IT kaum herausgestellt wird.

Um Wissen verfügbar zu machen, ist einerseits die Unterstützung einer einheitlichen Terminologie und andererseits die Schaffung einer Informationsinfrastruktur notwendig. Interdisziplinarität erfordert ein Minimum an „uniform discipline-transcending terminology[114]„. Die exponentielle Zunahme von Information in den biologischen Wissenschaften verlangt einen neuen strategischen Umgang mit der produzierten Information, die kein einzelner Wissenschaftler mehr rezipieren kann. Damit diese Information zu Wissen mit relevanter Bedeutung wird, die sich dann gegebenenfalls für Applikationen in der Informations- und Kommunikationstechnik eignet, müssen neue Formen der Informationsverwertung geschaffen werden. Es ist daran zu denken, das weltweit generierte Wissen zu sammeln[115], einer Qualitätskontrolle zu unterziehen, nach einer für alle betroffenen Diszipinen adäquaten Terminologie zu systematisieren, textlich und bildlich aufzuarbeiten und dann mit Hilfe geeigneter Software eines "Knowledge Navigators" über CD-ROM oder im Internet der "scientific community" und der Wirtschaft verfügbar zu machen. Mit einer solchen Maßnahme könnte man die Informationslawine beherrschen und auch nutzen. Eine wichtige Rolle könnten hier die Großforschungseinrichtungen einnehmen, die in Deutschland bereits stark in der Auswertung und Dokumentation von Ergebnissen aus der Genomforschung engagiert sind.

Die starke Dominanz empirischer Befunde gegenüber der Modell-/Theoriebildung in der Biologie wird von Experten international als ein wesentliches Hemmnis gesehen. Durch eine funktional orientierte Wissensaufbereitung und –integration würde sowohl die Modellbildung in der Biologie als auch die Verfügbarkeit für die IT begünstigt. U. a. ein Ausbau der Aktivitäten der DFG (insbesondere Graduiertenkollegs und Sonderforschungsbereiche), die die Integration biologischer Erkenntnisse verschiedener Subdisziplinen bzw. Organisationsebenen adressieren, könnte sich diesbezüglich lohnen.

Eine transparente Problembörse, in der Fragestellungen und Erkenntnisse aus unterschiedlichen Wissensbereichen verfügbar gemacht werden, die den Zugriff durch Forscher verschiedener Fachgebiete, aber auch durch potentielle Anwender möglich macht, kann parallel dazu die Bildung von Netzwerken im Sinne konkreter Arbeitskontakte zwischen Gruppen fördern.

Um interdisziplinäre Aufgaben in der Forschung und Technik voranzubringen, müssen die verschiedenen Fachrichtungen nicht notwendigerweise in einem ge-

---

114 Gibbons, M. et al. (1994): The New Production of Knowledge. The Dynamics of Science and Research in Contemporary Societies, S.29ff.. SAGE Publications: London u. a.

115 Für die Neurowissenschaften wird dies in den USA u. a.im Rahmen des Human Brain Projekts bereits gefördert.

meinsamen Gebäude untergebracht sein oder in Form einer klassischen organisatorischen Einheit zusammenarbeiten.

Als eine sehr hilfreiche Vorgehensweise bei interdisziplinären Themenstellungen hat sich die Einrichtung von Foren herausgestellt, die die betroffenen Wissenschaftler, aber auch die Industrie einbinden. Wichtig ist, von Industrievertretern/Technikern die konkreten Probleme, die mit herkömmlichen IT-Lösungen auftreten, zu erfahren, um gezielt über eine Übertragbarkeit eigener Ansätze nachdenken zu können. Um den Wissenstransfer aus der Forschung bis zur Anwendung zu fördern, müssen Probleme/Interessen der Industrie mit den Erkenntnisinteressen der Bio-/Humanwissenschaftler in deren eigenem Kontext gebündelt werden. Eine solche Orientierung hätte nicht zuletzt positive Rückwirkungen auf die eher am Sondieren/Erforschen neuer Ideen Interessierten.

Auch Foren, auf denen Bio-/Humanwissenschaftler verschiedener Bereiche der biologischen Informationsverarbeitung ihre jeweiligen Probleme und Erkenntnisse diskutieren, dienen nicht nur den Bio-/Humanwissenschaften selbst, sondern neuen Ansätze in der IT[116].

Die Organisation derartiger Foren des Wissenstransfers sollte dabei nach Möglichkeit selbstorganisiert sein, da dies eine klarere Ausrichtung auf spezifische Themengebiete und relevante Akteure ermöglicht. Wichtig ist dabei die Einbettung in die internationale Szene und in internationale Anstrengungen.

Entscheidend ist im Kontext *Bioinformation* letztlich, einen stabilen Gedankenaustausch zu ermöglichen, innerhalb dessen dann konkrete Projektideen generiert werden. Wissenschaftler aus den unterschiedlichen Disziplinen sollten dazu über längere Zeiträume hinweg kontinuierlich und ernsthaft miteinander diskutieren. Nur punktuelle Begegnungen können zu gedanklichen Kurzschlüssen und Fehlinterpretationen führen[117].

Eine Institutionalisierung neuer Forschungsgebiete ist derzeit noch nicht geboten, da damit u.U. Arbeitslinien verankert werden, die sich als nicht ausbaufähig erweisen. Die gegenwärtigen Forschungsaktivitäten sind dafür noch zu starkem Wandel unterworfen. Vorrangig sollten kleinere Gruppen junger Wissenschaftler an bestehenden Einrichtungen Ziel von Fördermaßnahmen sein. Generell wird der Auf- und langfristige Ausbau eines Netzwerkes lokaler Einrichtungen, die bereits existieren und gut funktionieren, als erfolgversprechend angesehen. Durch Streuung der För-

---

116 Beispiel: International Conference on Biological Information Processing ICOBIP 97.

117 Fehlinterpretation gab es bspw. nicht nur seitens der Informatiker, sondern auch in der umgekehrten Richtung, wie beispielsweise die Metaphern "Elektronengehirn" bzw. "Gehirn als Computer" zeigen.

derung wird dem Risiko Rechnung getragen, daß sich manche Ansätze möglicherweise nicht bewähren.

Orte der Begegnung außerhalb der klassischen Institutsstrukturen, an denen sich Wissenschaftler unterschiedlicher Disziplinen rein „physisch" ohne großen Aufwand begegnen können, haben sich im Kontext *Bioinformation* bereits bewährt. Eine diesbezüglich interessante Struktur weist das Santa Fe Institut in den USA auf, bei dem zusätzlich Vertreter der Wirtschaft eingebunden sind.

Durch alle diese Einzelschritte ensteht langsam die dringend benötigte Kommunikationsbasis für eine gemeinsame Wissenschaftssprache, die wesentliche Voraussetzung einer Verständigung und technischer Fortschritte auf dem Gebiet der *Bioinformation* ist.

Forschungsförderung: Offenheit in den Wegen, nicht in den Zielen

Forschung, angesiedelt zwischen Grundlagen- und anwendungsorientierter Forschung, ist wesentlich für den weiteren Fortschritt im Bereich *Bioinformation* und sollte durch die Forschungspolitik gestärkt werden[118]. Entscheidend ist dabei die Auswahl der Themen. Innerhalb der Themenkomplexe müssen klare Forschungsziele bei gleichzeitiger Flexibilität in der Annäherung daran formuliert werden. Nationale Bestrebungen der Forschungsförderung sollten dabei in internationale, insbesondere europäische Anstrengungen eingebunden sein.

Unter den heutigen biologisch inspirierten FuE-Vorhaben mit kurzfristiger Anwendungsperspektive dominieren rein metaphorische Bezüge zur Biologie. Durch eine Konzentration auf derartige Arbeiten in der Projektförderung geraten Ansätze ins Hintertreffen, die sich fundiert mit dem biologischen Vorbild auseinandersetzen. Das Interesse und die Voraussetzungen für Ansätze in der IT mit mehr Biologienähe sind unter deutschen Wissenschaftlern sowohl an universitären als auch an ausseruniversitären Forschungsstätten vorhanden. Eine ergänzende Förderung von grundlagenorientierter Forschung mit expliziten mittel- bis langfristigen Anwendungszielen wäre optimal und könnte u. a. in den entsprechenden Einrichtungen der HGF und der WGL neue Akzente setzen.

Voraussetzung für eine Übertragung biologischer Erkenntnisse in die IT ist das Vorhandensein von Modellen der biologischen Vorbildsysteme. Dabei ist für die biologischen Systeme die Fähigkeit, sich an komplexe Umweltbedingungen anpassen zu können, und ihre geschickte Nutzung sowohl örtlich paralleler als auch zeit-

---

118 In Japan fallen bspw. die Bereiche „Brain Science" und „Information Science" in die dort so genannte Kategorie „strategische Forschung" mit äquivalentem Zeithorizont. In den USA spielen in diesem Zusammenhang auch die Foundations eine von den befragten Fachleuten immer wieder betonte Rolle.

licher Dimensionen der Informationsverarbeitung von entscheidender Bedeutung. Ferner haben biologische Objekte einen aktiven Rand, der die Innenwelt von der Außenwelt trennt und sie als System abgrenzt. Einen geeigneten Rahmen für die Modellierung bieten darum formale Ansätze, die statistische Aspekte, nichtlineare Eigenschaften und die inhärent dynamische Natur der biologischen Informationsverarbeitung berücksichtigen. Die Mathematik dynamischer Systeme (vgl. Kapitel 5.2) und die Verfahren der statistischen Lerntheorie (vgl. Kapitel 5.3) sind daher mögliche Ausgangspunkte. Bislang sind die Ergebnisse allerdings überwiegend theoretischer Art und weder die Relevanz für die Biologie noch für die IT ist ausreichend expliziert. Diesbezüglich könnten ergänzend Akzente gesetzt werden.

Im Sinne einer auch mittel- bis langfristig tragfähigen Ausschöpfung des Innovationspotentials der Bio- und Humanwissenschaften eignen sich derzeit folgende Schwerpunktthemen als Ausgangspunkte:

- Evolutionäre Systeme (Kapitel 5.4 und 5.1.2),
- Konnektionismus (Kapitel 5.3),
- Intelligente autonome Systeme (Kapitel 5.7).

Die Themen sind nicht auf rein informationstechnische Forschung beschränkt, sondern sollten die relevanten Biologiedisziplinen mit einbeziehen (vgl. Kapitel 4 und 5). In allen drei Themen liegen umfangreiche Teilergebnisse vor, an die angeknüpft werden kann. Eine systematische Bewertung der verschiedenen Einzelergebnisse steht allerdings noch aus, wobei in jedem der drei Themengebiete der Anwendungsnutzen bereits begründet werden kann. Entsprechend dem biologischen Vorbild sollten die Themen nicht nach Hard- und Softwareaspekten getrennt behandelt werden.

Gemeinsames Ziel dieser Aktivitäten sollte es sein, bioanaloge Ansätze für adaptive und autonome Systeme in der IT weiterzuführen, die angesichts der bestehenden Defizite in der IT dringend benötigt werden.

Parallel zu den genannten Themen sollten allerdings auch Ansätze beobachtet werden, die sich auf biologische Teilsysteme richten, die bislang noch nicht oder erst seit sehr kurzer Zeit Vorbild für die IT sind (z. B. Computer-Immunologie). Die Begründung des Anwendungsnutzens und des Biologiebezugs erfordert gegebenenfalls eine Ergänzung der Schwerpunktthemen.

Neuere KI-Planungsansätze weisen nach Auffassung der Experten keine konkreten Biologiebezüge auf (vgl. Kapitel 5.6). Trotzdem liegt eine genaue Betrachtung der Biologie auch auf diesem Gebiet nahe.

Mit der Etablierung ergänzender Arbeitslinien ist zu rechnen; hingegen werden sich manche der bestehenden Ansätze u. U. als Irrweg erweisen. Eine Projektförderung muß dieser „evolutionären" Dynamik des jungen und sowohl personell als auch inhaltlich inhomogenen Forschungsfeldes *Bioinformation* gerecht werden.

Neben bioanalogen Ansätzen im Kontext der *Bioinformation* sollten auch neue Substrate für die Informationsverarbeitung erschlossen werden. Diesbezüglich ist das DNA-Computing hervorzuheben (vgl. Kapitel 5.1.1), da auf dem Weg zu einem DNA-Rechner neue Labortechniken entwickelt werden, die auch in der Molekularbiologie einen direkten Fortschritt bedeuten.

In Kapitel 4 wurde ferner das Innovationspotential der Bio-/Humanwissenschaften für die adäquate Darstellung (Informationsvermittlung) und die adäquate Einbettung von IT in den Nutzungskontext (Umsetzung von Information in Wissen) herausgestellt. Die Optimierung der Effizienz informationsverarbeitender Systeme sollte dem Rechnung tragen.

Fortschritte im Bereich *Bioinformation* bis hin zu massenhaften Anwendungen neuer biologisch inspirierter Technologien werden u.U. mit erheblichen gesellschaftlichen Auswirkungen einhergehen, die auch negative Aspekte beinhalten können. Dies sollte begleitend wissenschaftlich reflektiert werden.

8.4 Schlußfolgerungen für die zukünftige Entwicklung biologisch inspirierter IT

Die Anwendungsperspektiven der *Bioinformation* werden überwiegend mittel- bis langfristig gesehen. Es ist allerdings mit einem geringen zeitlichen Abstand zwischen biologischem Modell und IT-Anwendung zu rechnen.

Ein ausbleibendes industrielles Engagement wäre also riskant, zumal sich die von der *Bioinformation* berührten Anwendungen nicht auf Nischenprodukte beschränken, sondern die IT von der Eingangsebene der Sensoren bis zur Systemebene betreffen und damit für erhebliche Marktpotentiale stehen.

IT im Kontext der *Bioinformation* erfordert die interdisziplinäre Zusammenarbeit von Bio-/Humanwissenschaftlern mit Forschern und Entwicklern aus dem Bereich der IT.

Um dabei nicht ins internationale Hintertreffen zu geraten, sollte die industrielle FuE auf die direkte Zusammenarbeit mit Bio- und Humanwissenschaftlern vorbereitet sein. Bioanaloge Ansätze werden in der deutschen IT-Branche im Vergleich zu Japan und den USA bislang allerdings kaum aufgegriffen.

Entscheidend ist es, in der Industrie die „Absorptionskapazität" für bzw. Ankopplungskompetenz an die öffentliche Forschung zu schaffen. Sonst laufen Ergebnisse der öffentlichen Forschung u. U. ins Leere.

Das Problemlösungspotential bio-/humanwissenschaftlicher Erkenntnisse sollte dazu auch seitens der öffentlichen Forschung stärker artikuliert werden. Die Einbindung der Industrie in die unter 8.3 angeregten Foren des Wissenstransfers ist ein erster Schritt zu Strategiegesprächen, die daran anknüpfen können.

Der Bezug zur Biologie sollte nicht überwiegend metaphorisch bleiben und Entwicklungen in ihrem Verbesserungspotential in Richtung der von biologischen Systemen demonstrierten Problemlösungskapazität offen sein. Nur solche FuE-Aktivitäten, die einen konkreten und fundierten Bezug zur Biologie haben, können auch den Weg zur Ausschöpfung des bestehenden Innovationspotentials biologischer Erkenntnisse weisen.

Technische Systeme enthalten zunehmend komplexer werdende informationstechnische Anteile. Mikroprozessoren bzw. Mikrokontroller und ihre Software befinden sich sowohl in einfachen Haushaltsgeräten, als auch in Flugzeugen, Kraftwerken, Kommunikationsnetzen, Satelliten oder Fabriken. Durch die zunehmende technische und organisatorische Vernetzung der verschiedensten Teilsysteme und Organisationen wachsen die Anforderungen an die IT. *Adaptivität und Autonomie sind Schlüsselfähigkeiten zukünftiger Informationstechnologien.*

Wenn es gelingt, die grundlegenden Prinzipien der Adaptivität und Autonomie von biologischen Systemen mit wissenschaftlichen Methoden zu verstehen und diese Erkenntnisse dann in universal einsetzbare technische Entwurfs- und Konstruktionsverfahren umzusetzen, würde dies zu einer Revolutionierung mindestens der informationstechnischen Entwicklung führen. Es bedarf natürlich der gesellschaftlichen, ökonomischen und ökologischen Vorgaben, um die Anwendungsfelder zu identifizieren, in denen dieses dann zu wünschenswerten qualitativen Veränderungen gegenüber heute führen soll bzw. kann.

8.5 Förderpolitisches Fazit

Das Gebiet der Bioinformation ist von großer mittel- bis langfristiger Bedeutung. In den USA und Japan wird das Gebiet gegenwärtig stärker vorangetrieben als in Deutschland. In Deutschland bestehen jedoch gute Voraussetzungen sowohl in der IT-relevanten bio-/humanwissenschaftlichen Grundlagenforschung als auch in der anwendungsorientierten Forschung zu bioanaloger IT. Ein „Anschieben" dieses Gebietes durch die öffentliche Forschungs- und Technologiepolitik erscheint in der IT angeraten. Zwei strategische Hauptlinien wurden identifiziert: Adaptivität und

Autonomie in der IT. Der förderpolititsche Instrumenteneinsatz sollte sich nicht nur auf die klassische Projektförderung beschränken. Angesichts der Kommunikationsbarrieren sind weitere Instrumente geboten, um eine Vereinheitlichung der Terminologien und einen kontinuierlichen Gedankenaustausch zwischen den beteiligten Disziplinen zu ermöglichen. Wesentlich ist es, die notwendige Integration der Disziplinen auf den Weg zu bringen und eine signifikante Involvierung der Industrie zu erreichen.

Anhang A – Verzeichnis der interviewten Experten

Deutschland:

Prof. Dr. Wolfgang Banzhaf,
Abteilung Computerwissenschaften, LS 11; Universität Dortmund

Prof. Dr. Brabant, Dr. Klaus Prank,
Abteilung Klinische Endokrinologie, Medizinische Hochschule Hannover

Herr Prof. Dr. Dr. hc., W. Brauer,
Institut für Informatik, TU München

Prof. Dr. Thomas Christaller,
GMD-FIT, Schloß Birlinghofen

Prof. Dr. Thomas Cremer,
Institut für Anthropologie und Humangenetik, LMU München

Prof. Dr. Rüdiger Dillmann,
Institut für Prozeßrechentechnik, Universität Karlsruhe

Prof. Dr. Peter Fromherz,
Abteilung Membran- und Neurophysik, MPI für Biochemie Martinsried

Prof. Dr. Klaus Gersonde,
FhG-Institut für Biomedizinische Technik IBMT, St. Ingbert

Prof. Dr. Norbert Hampp,
Institut für Physik, Chemie; Universität Marburg

Dr. Martin Jenssen,
Waldkunde-Institut Eberswalde

Prof. Dr. Benjamin Kaupp,
Institut für Biologische Informationsverarbeitung, Forschungszentrum Jülich

Prof. Dr.-Ing. habil. Edgar Körner,
Future Technology Research Division, HONDA R&D Europe (Deutschland) GmbH

Prof. Dr. Josef W. Lengeler,
FB Biologie, Chemie, Institut für Genetik; Universität Osnabrück

Dr. Ing. Frieder Lohnert,
Senior Manager Intelligent Systems (F3S/I) Research and Technology; Daimler-Benz AG

Prof. Dr. Nikos Logothetis,
MPI für Biokybernetik Tübingen

Prof. Dr. Klaus Mainzer,
Lehrstuhl für Philosphie und Wissenschaftstheorie, Philosophische Fakultät; Universität Augsburg

Prof. Dr. John S. McCaskill,
Institut für Molekulare Biotechnologie e. V., Jena

Prof. Dr. H.-H. Nagel,
FhG-Institut für Informationstechnik und Datenverarbeitung, Karlsruhe

Prof. Dr. Günther Palm,
Neuroinformatik, Universität Ulm

Prof. Dr. Ernst Pöppel,
Institut für Medizinische Psychologie, LMU München

Dipl.-Math. Hartmut Raffler,
Leiter der Abteilung Information und Kommunikation, Zentralabteilung Technik (ZT-IK); Siemens AG

Prof. Dr. Michael M. Richter,
AG Künstliche Intelligenz – Expertensysteme; Universität Kaiserslautern

Prof. Dr. Gert Riethmüller,
Institut für Immunologie, LMU München

Prof. Dr. Till Roenneberg,
Institut für Medizinische Psychologie, LMU München

Prof. Dr. Dr. Gerhardt Roth,
Hanse-Wissenschaftskolleg, Delmenhorst

Prof. Dr. Werner von Seelen,
Ruhr-Universität Bochum

Europa und Israel:

Prof. Moshe Abeles,
Department of Physiology & The Center for Neural Computation, The Faculty of
Medicine, Hebrew University, Jerusalem, Israel

Dr. Martyn Amos,
Department of Computer Science, University of Liverpool, Großbritannien

Prof. Henry Atlan und Prof. Solomon Sorin,
Department of Medical Biophysics and Nuclear Medicine, Human Biology Research Center, Hadassah University Hospital, Hebrew University, Jerusalem, Israel

Prof. Paolo Dario,
Scuola Superiore Sant` Anna, Pisa, Italien

Prof. Jean-Gabriel Ganascia
LIP6 – Equipe ACASA, Université Pierre et Marie Curie, Paris, Frankreich

Steve Grand
Cyberlife Technology Ltd., Somerset, Großbritannien

Prof. John Hallam,
Department of Artificial Intelligence, University of Edinburgh, Großbritannien

Prof. Paul Harvey,
Department of Zoology, University of Oxford, Großbritannien

Bruce Krulwich,
AgentSoft Ltd., Jerusalem, Israel

Prof. Doron Lancet,
Department of Molecular Genetics, Weizman Institute of Science, Rehovot, Israel

Prof. Daniel Menge,
Computer Science Department, Swiss Federal Institute of Technology, Lausanne,
Schweiz

Dr. Ray Paton,
Department of Computer Science, University of Liverpool, Großbritannien

Prof. Dr. Rolf Pfeifer,
Abteilung Computerwissenschaften, Universität Zürich, Schweiz

Prof. Dr. G. Sandini,
Laboratory for Integrated Advanced Robotics – LIRA, Department of Communication, Computer and Systems Science, Università di Genova, Italien

Moshe Sipper,
Département DI/LSL, Laboratoire des Systèmes Logiques, Ecole Polytechnique Fédérale de Lausanne, Schweiz

Luc Steels,
Artificial Intelligence Lab, Vrije Universiteit Brussel, Belgien;
VUB Artificial Intelligence Laboratory, Sony CS Lab, Paris, Frankreich

Prof. Shimon Ullman und Dr. Tamar Flash,
Department of Applied Mathematics and Computer Science, Weizman Institute of Science, Rehovot, Israel

Francisco J. Varela, PhD,
LENA-CRNS, Hôpital de la Salpetrière, Paris, Frankreich

Dr. Barbara Webb
AI Research Group, Psychology Department, University of Nottingham, Großbritannien

Prof. Henry Wu,
Department of Electrical Engineering and Electronics, University of Liverpool, Großbritannien

Prof. Yosef Yarden,
Dean of the Faculty of Biology, Weizman Institute of Science, Rehovot, Israel

Prof. Yehezkel Yeshurun,
Department of Computer Science, Tel-Aviv University, Israel

Prof. Yehoshua Zeevi,
Faculty of Electrical Engineering, Technion, Haifa, Israel

USA:

Prof. Leonard Adleman,
Department of Computer Science, University of Southern California, Los Angeles, Ca.

Prof. Edward H. Adelson,
Department of Brain and Cognitive Sciences, Massachussetts Institute of Technology, Boston

Dr. Charles Bauschlicher,
Modelling of Electronic Devices and Processes IPT, NASA Ames Research Center, Moffet Field, Ca.

Prof. James P. Crutchfield,
Santa Fe Institute, Santa Fe, N. M.

Dr. Jack L. Gallant,
Visual Neuroscience, Department of Psychology, University of Berkeley, Ca.

Prof. Dr. Blake Hannaford,
Biorobotics Lab, University of Washington

Lawrence Hunter,
National Health Institute, Washington

Dr. Don Kimber,
Collaborative Systems Area, XEROX Park Research Center

Prof. Christoph Koch,
Computation and Neural Systems, Division of Biology, California Institute of Technology, Pasadena, Ca.

Prof. Albert Libchaber,
NEC Research Institute, Princeton, N. J.

Prof. Mitsunori Ogihara,
Department of Computer Science, University of Rochester, N. Y.

Andrew Penz PhD,
Senior Member of Technology Staff, Nanoelectronics Group, Raytheon TI Systems, Inc., Dallas, Tx.

Prof. Tomasio Poggio,
Center for Biological and computational Learning, Massachussetts Insitute of Technology, Boston, Mass.

Prof. Animesh Ray,
Department of Biology, University of Rochester, N. Y.

Prof. Dr. John Reif,
Department of Computer Science, Duke University, Durham, N. C.

Prof. Michael B. Stryker,
Keck Center for Integrative Neuroscience, University of California

Dr. Andrew B. Watson,
Human Factors Division, NASA Ames Research Center, Moffet Field, Ca.

Japan:

Prof. Dr. Shun-Ichi Amari,
Director of Brain-Style Information Systems Group, RIKEN Brain Science Institute, Saitama

Dr. Masao Ito,
Director, RIKEN Brain Science Institute, Saitama

Prof. Dr. Eng. Isao Karube,
Research Center for Advanced Science and Technology, University of Tokyo

Mitsuo Kawato,
ATR, Kyoto

Dr. Kazuhiro Matsuo,
FUJITSU Laboratories Ltd., Kawasaki

Ken-Ichi Mori, PhD,
Executive Vice-President and Director, TEC Corporation, Tokyo

E. R. Nakamura,
Fukui Prefecture University, Fukui

Prof. Dr. Hiroshi Shimizu,
The „Ba" Research Institute, Kanazawa Institute of Technology, Tokyo

Mario Tokoro,
Sony CSL, Tokyo

Prof. Dr. Keiji Tonaka,
RIKEN Brain Science Institute, Saitama

Yasuo Wada,
Hitachi Ltd., Tokio

Anhang B – Interviewleitfaden

1   Worin sehen Sie die größten Herausforderungen an zukünftige Informationstechnik?

1.1   Welche generellen Veränderungen bzw. Trends charakterisieren Ihrer Ansicht nach den Übergang in eine Wissensgesellschaft?

1.2   Welche Anforderungen, Bedarfe/Bedürfnisse in einer Wissensgesellschaft hinsichtlich der Informationstechnik sehen Sie?

1.3   Hinsichtlich welcher Bedarfsfeldern/Bedürfniskategorien erscheinen Ihnen bioanaloge Anwendungen besonders vielversprechend?

1.4   Wo sehen Sie diesbezügliche Defizite mit herkömmlichen Lösungen bzw. Informationstechnologien?

1.5   Wie würden Sie bioanaloge Anwendungen hinsichtlich ihrer Bedeutung für die Wissensgesellschaft bewerten?

2   Welche charakteristischen Eigenschaften biologischer Systeme beinhalten diesbezüglich das größte Innovationspotential?

2.1   Mit welchen Grundprinzipien oder Architekturen aus dem Bereich der Bio-/Humanwissenschaften beschäftigen Sie sich bzw. welche sind für Ihr Arbeitsgebiet relevant?

2.2   Welche Elementarprozesse liegen dabei zugrunde?

2.3   Welche sind die zentralen Forschungsfragen?

2.4   Wie ist der Forschungsstand einzuschätzen?

2.5   Gibt es Techniken, Instrumente oder Ergebnisse aus anderen Disziplinen, deren Weiterentwicklung einen Erkenntnisfortschritt in Ihrem eigenen Gebiet erwarten lassen?

2.6   Welche "Durchbrüche" sind kurz-, mittel- und langfristig zu erwarten?

3   Welche konkreten Ansätze zur Aufnahme biologischer Prinzipien in die Informationstechnik kennen Sie?

3.1   Welche möglichen außerbiologischen Anwendungen (Technik, Medizin usw.) sind auf Basis biologischer Prinzipien oder Architekturen denkbar?

3.2   Gibt es weltweit bereits konkrete Ansätze in der Forschung oder Entwicklung, biologische Informationsstrukturen oder Informationsabläufe in der Informationstechnik zu nutzen?

3.3   Welche Zeithorizonte sehen Sie für die Realisierung?

4   Wie beurteilen Sie die diesbezügliche FuE-Infrastruktur?

4.1   Mit welchen Disziplinen bzw. Wissenschaftlern arbeiten Sie zusammen?

4.2 Wer sind insgesamt die wichtigsten Akteure und wie sind sie miteinander vernetzt?

4.3 Wo liegen die jeweiligen Ansätze und Schwerpunkte?

4.4 Wie schätzen Sie das diesbezügliche industrielle Interesse ein?

4.5 Welche Kooperationen zwischen Wissenschaft und Wirtschaft kennen Sie?

4.6 Welche interdisziplinären Kooperationen, Diskussionsforen oder Competence Centers kennen Sie?

4.7 Auf welchen Konferenzen oder Fachtagungen werden themenbezogene Fragen diskutiert?

4.8 Wissen Sie von Förderprogrammen im Forschungsfeld *Bioinformation* (auch international)?

4.9 Welche Faktoren hemmen bzw. fördern besonders die Übertragung bioanaloger Architekturen oder Prinzipien auf Anwendungen in der IT?

5 Sonstiges/Anregungen/Visionen

6 Einschlägige Publikationen (Artikel, Reviews)

Anhang C – Fragebogen der DFG-Befragung

1.   Ihr Name (in Druckbuchstaben):..

2.   Ihr Arbeitsfeld (z. B. DFG-Schwerpunkt, Sonderforschungsbereich (SFB)):

   ....

3.   Ergeben sich aus Ihrem Arbeitsfeld (z. B. SFB oder Forschungsschwerpunkt) erkennbare biologische Ansätze für die Nutzung bzw. Anwendung in der Informationstechnik im Hinblick auf die Funktionen wie Signalerkennung und -übertragung, Informationsverarbeitung und -speicherung bzw. Morphologie, Steuerung und Regelung/Kybernetik?

   ☐   ja, welche Funktion(en):..
   ☐   nein

   wenn nein, fahren Sie fort mit Frage 8

---

4.   Wie schätzen Sie das Potential für die Übernahme dieser Ansätze in die Informationstechnik/Wissensgesellschaft für folgende Zeiträume ein?

bis 5 Jahre	5 bis 15 Jahre	über 15 Jahre
☐ sehr hoch	☐ sehr hoch	☐ sehr hoch
☐ hoch	☐ hoch	☐ hoch
☐ mittel	☐ mittel	☐ mittel
☐ gering	☐ gering	☐ gering
☐ sehr gering	☐ sehr gering	☐ sehr gering

5.   Auf welche Untersuchungsebene beziehen sich diese Ansätze?

   ☐ Makromolekül   ☐ Zellorganelle
   ☐ Zelle   ☐ Zellverbände/Gewebe
   ☐ Organ   ☐ Organismus/Individuum
   ☐ Population/Soziale Systeme   ☐ Ökosystem
   ☐ andere, welche..

6.   Beruhen diese Ansätze auf

   ☐ der rein metaphorischen Übertragung biologischer Begriffe
   ☐ dem Einsatz von Grundprinzipien in der Natur und zwar von
       ☐ evolutionären Prozessen   ☐ Reproduktion
       ☐ Selbstorganisation   ☐ Morphogenese
       ☐ offenen/dynamischen Systemen
       ☐ sensomotorischen Rückkopplungen

☐   anderen, welche..

☐   dem Einsatz von *bioanalogen* Steuer- und Regelprozessen

☐   der Nutzung *bioidentischer* Informationsverarbeitungsprozesse (z. B. DNA-Computing, hybride Hardware mit lebenden Zellen)

☐   der Übernahme *bioanaloger* Architekturen/Strukturen/Ordnungen (z. B. "Neurochips")

☐   dem Einsatz *bioidentischer* Materialien

☐   der biotechnologischen Produktion von Materialien für IT-Anwendungen (z. B. Bakteriorhodopsin als Speicher)

☐   anderen Zusammenhängen, welche...

            ....

7.   Welche der folgenden Eigenschaften ließen sich in der Informationstechnik insbesondere durch den Transfer von Erkenntnissen aus Ihrem Arbeitsgebiet optimieren?

☐   Strukturen auf Molekülebene (insbesondere Ausnutzung der 3. Dimension)

☐   Mechanismen auf Molekülebene (z. B. Selbstorganisation)

☐   fehlertolerante Informationsverarbeitung (z. B. bei verrauschter, unvollständiger Information)

☐   Redundanz (z. B. zur Ausfallsicherheit)

☐   dezentrale Steuerungs-/Kommunikationssysteme (z. B. intelligente Netzarchitekturen; Stichwort: Ameisenstaat)

☐   Parallelität (gleichzeitige Verarbeitung mehrerer Signale)

☐   analoge Informationsverarbeitung (im Gegensatz zur digitalen Computertechnik)

☐   Adaptationsfähigkeit (durch Lernen oder durch evolutionäre Prozesse)

☐   Autonomie (z. B. durch sensormotorische Rückkopplungen)

☐   "Intelligenz"/Problemlösungsfähigkeit

☐   Reproduktionsfähigkeit

☐   andere, welche...

---

8.   Für welche Anwendungen/Bedarfe in der Wissensgesellschaft sehen Sie generell bzw. darüber hinaus einen deutlichen Beitrag durch bio-/humanwissenschaftliche Grundlagenforschung?

Rein technische Anwendungen:

☐   Verarbeitung vielfältiger Informationen aus "real world" - Situationen in Echtzeit (z. B. Medizintechnik, Prozeßsteuerung)

☐   Klassifikation komplexer Signale (Mustererkennung)

☐   Simulation nichtlinearer Prozesse großer Variablenzahl (z. B. Klimamodelle, Finanzmarktmodelle)

☐   Optimierung von Entscheidungen in Situationen jenseits der praktischen Berechenbarkeit (z. B. Logistik-Probleme, Stichwort: "travelling salesman")

☐   entscheidungsfähige, lernfähige Roboter (z. B. zur Erledigung von gefährlichen Aufgaben, Präzisionsaufgaben, Routineaufgaben)

- ☐ autonome "Agenten" zur "Pflege" von Informationsnetzwerken und Datenbanken (z. B. Virusabwehr, automatische Indexierung)
- ☐ andere, welche..........

Anwendungen an der Systemschnittstelle Mensch-Maschine:
- ☐ Aufbereitung komplexer Zusammenhänge zur Entscheidungsunterstützung
- ☐ Unterstützung von Lernprozessen (z. B. zeitliche und räumliche Struktur multimedialer Präsentationsformen)
- ☐ Unterstützung menschlicher Wahrnehmungsfunktionen bei der Informationspräsentation (akustisch, optisch)
- ☐ "Navigations"-Unterstützung bei der Informationsbeschaffung
- ☐ Benutzernähe durch assoziative Informationsspeicherung
- ☐ Spracherkennung
- ☐ andere, welche..........

Nach soziokulturellem Kontext (u. a. Lebensalter) differenzierte pädagogische Verfahren und Bildungsprogramme zur Erleichterung/Verbesserung von:
- ☐ der Entscheidungsfindung in komplexen Situationen (Nichtlinearität, hohe Variablenzahl, unterschiedliche "time-lags" der Wirkungen u. a.)
- ☐ der situationsspezifischen Filterung relevanter Informationen
- ☐ im Umgang mit unvollständigen/unscharfen Informationen
- ☐ anderer, welcher..........

Neue Organisations-/Interaktionsformen:
- ☐ im betrieblichen Kontext
- ☐ in Kommunikationsnetzwerken (z. B. Internet)
- ☐ andere, welche..........

9. Welche sind wichtige nationale/internationale Akteure (Forscher, Universitäten, ausseruniversitäre Forschungseinrichtungen, Unternehmen) auf dem Gebiet der biologischen Informationsverarbeitung? Wer sind diese in Ihrem DFG-Förderbereich?

....

....

Kommentare:

....

....

Anhang D – Verzeichnis der projektbegleitenden Arbeitspapiere

Kolo, Castulus; Bojinski, Stefan:
Biologisch inspirierte Informationstechnik - Auswertung des deutschen Delphi-Berichts 1998.
Ergebnisse aus der internationalen Studie "Bioinformation - Problemlösungen für die Wissensgesellschaft" im Auftrag des DLR (Projektträger Informationsträger des BMBF).
Karlsruhe: ISI, 1999, 78 S.
(ISI-A-8-99)

Kolo, Castulus; Bojinski, Stefan:
Biologisch inspirierte Informationstechnik - Auswertung des japanischen Delphi-Berichts 1997.
Ergebnisse aus der internationalen Studie "Bioinformation - Problemlösungen für die Wissensgesellschaft" im Auftrag des DLR (Projektträger Informationsträger des BMBF).
Karlsruhe: ISI, 1999, 45 S.
(ISI-A-7-99)

Jaeckel, Gerhard; Neurohr, Robert; Kolo, Castulus:
Biologisch inspirierte Informationstechnik - Auswertung einer DFG-Experten-umfrage.
Ergebnisse aus der internationalen Studie "Bioinformation - Problemlösungen für die Wissensgesellschaft" im Auftrag des DLR (Projektträger Informationsträger des BMBF).
Karlsruhe: ISI, 1999, 22 S.
(ISI-A-6-99)

Strauß, Elke; Kolo, Castulus:
Biologisch inspirierte Informationstechnik - Bibliometrische und patentstatistische Analysen.
Ergebnisse aus der internationalen Studie "Bioinformation - Problemlösungen für die Wissensgesellschaft" im Auftrag des DLR (Projektträger Informationsträger des BMBF).
Karlsruhe: ISI, 1999, 76 S.
(ISI-A-5-99)

TECHNIK, WIRTSCHAFT und POLITIK

Schriftenreihe des Fraunhofer-Instituts
für Systemtechnik und Innovationsforschung (ISI)

Band 2: B. Schwitalla
Messung und Erklärung industrieller
Innovationsaktivitäten
1993. ISBN 3-7908-0693-4

Band 3: H. Grupp (Hrsg.)
Technologie am Beginn
des 21. Jahrhunderts, 2. Aufl.
1995. ISBN 3-7908-0862-8

Band 4: M. Kulicke u. a.
Chancen und Risiken junger
Technologieunternehmen
1993. ISBN 3-7908-0732-X

Band 5: H. Wolff, G. Becher, H. Delpho,
S. Kuhlmann, U. Kuntze, J. Stock
FuE-Kooperation von kleinen und
mittleren Unternehmen
1994. ISBN 3-7908-0746-X

Band 6: R. Walz
Die Elektrizitätswirtschaft in den USA
und der BRD
1994. ISBN 3-7908-0769-9

Band 7: P. Zoche (Hrsg.)
Herausforderungen für die
Informationstechnik
1994. ISBN 3-7908-0790-7

Band 8: B. Gehrke, H. Grupp
Innovationspotential und
Hochtechnologie, 2. Aufl.
1994. ISBN 3-7908-0804-0

Band 9: U. Rachor
Multimedia-Kommunikation
im Bürobereich
1994. ISBN 3-7908-0816-4

Band 10: O. Hohmeyer, B. Hüsing,
S. Maßfeller, T. Reiß
Internationale Regulierung
der Gentechnik
1994. ISBN 3-7908-0817-2

Band 11: G. Reger, S. Kuhlmann
Europäische Technologiepolitik
in Deutschland
1995. ISBN 3-7908-0825-3

Band 12: S. Kuhlmann, D. Holland
Evaluation von Technologiepolitik
in Deutschland
1995. ISBN 3-7908-0827-X

Band 13: M. Klimmer
Effizienz der computergestützten
Fertigung
1995. ISBN 3-7908-0836-9

Band 14: F. Pleschak
Technologiezentren in den neuen
Bundesländern
1995. ISBN 3-7908-0844-X

Band 15: S. Kuhlmann, D. Holland
Erfolgsfaktoren der wirtschaftsnahen
Forschung
1995. ISBN 3-7908-0845-8

Band 16: D. Holland, S. Kuhlmann
(Hrsg.)
Systemwandel und industrielle
Innovation
1995. ISBN 3-7908-0851-2

Band 17: G. Lay (Hrsg.)
Strukturwandel in der ostdeutschen
Investitionsgüterindustrie
1995. ISBN 3-7908-0869-5

Band 18: C. Dreher, J. Fleig,
M. Harnischfeger, M. Klimmer
Neue Produktionskonzepte in der
deutschen Industrie
1995. ISBN 3-7908-0886-5

Band 19: S. Chung
Technologiepolitik für neue
Produktionstechnologien in Korea
und Deutschland
1996. ISBN 3-7908-0893-8

Band 20: G. Angerer u. a.
Einflüsse der Forschungsförderung
auf Gesetzgebung und
Normenbildung im Umweltschutz
1996. ISBN 3-7908-0904-7

Band 21: G. Münt
Dynamik von Innovation
und Außenhandel
1996. ISBN 3-7908-0905-5

Band 22: M. Kulicke, U. Wupperfeld
Beteiligungskapital für junge
Technologieunternehmen
1996. ISBN 3-7908-0929-2

Band 23: K. Koschatzky
Technologieunternehmen im
Innovationsprozeß
1997. ISBN 3-7908-0977-2

Band 24: T. Reiß, K. Koschatzky
Biotechnologie
1997. ISBN 3-7908-0985-3

Band 25: G. Reger
Koordination und strategisches
Management internationaler
Innovationsprozesse
1997. ISBN 3-7908-1015-0

Band 26: S. Breiner
Die Sitzung der Zukunft
1997. ISBN 3-7908-1040-1

Band 27: M. Kulicke, U. Broß,
U. Gundrum
Innovationsdarlehen als Instrument
zur Förderung kleiner und mittlerer
Unternehmen
1997. ISBN 3-7908-1046-0

Band 28: G. Angerer, C. Hipp,
D. Holland, U. Kuntze
Umwelttechnologie am Standort
Deutschland
1997. ISBN 3-7908-1063-0

Band 29: K. Cuhls
Technikvorausschau in Japan
1998. ISBN 3-7908-1079-7

Band 30: J. Fleig
Umweltschutz in der schlanken
Produktion
1998. ISBN 3-7908-1080-0

Band 31: S. Kuhlmann, C. Bättig,
K. Cuhls, V. Peter
Regulation und künftige
Technikentwicklung
1998. ISBN 3-7908-1094-0

Band 32: Umweltbundesamt (Hrsg.)
Innovationspotentiale von
Umwelttechnologien
1998. ISBN 3-7908-1125-4

Band 33: F. Pleschak, H. Werner
Technologieorientierte
Unternehmensgründungen
in den neuen Bundesländern
1998. ISBN 3-7908-1133-5

Band 34: M. Fritsch, F. Meyer-Krahmer,
F. Pleschak (Hrsg.)
Innovationen in Ostdeutschland
1998. ISBN 3-7908-1144-0

Band 35: Frieder Meyer-Krahmer,
Siegfried Lange (Hrsg.)
Geisteswissenschaften und
Innovationen
1999. ISBN 3-7908-1197-1

Band 36: B. Geiger, E. Gruber,
W. Megele
Energieverbrauch und Einsparung in
Gewerbe, Handel und Dienstleistung
1999. ISBN 3-7908-1216-1

Band 37: G. Reger, M. Beise,
H. Belitz
Innovationsstandorte multinationaler
Unternehmen
1999. ISBN 3-7908-1225-0